Wir kommen aus den Weiten des Alls
Die Weltformel als Piktogramm

Herwig Horst Schmidt

Bibliografische Information der Deutschen Nationalbibliothek:
Die Deutsche Nationalbibliothek verzeichnet diese Publikation
in der Deutschen Nationalbibliografie, detaillierte bibliografische
Daten sind im Internet über http://dnb.dnb.de abrufbar.

© 2015 Herwig Horst Schmidt
Herstellung und Verlag:
BoD – Books on Demand, Norderstedt
ISBN 978-3-7392-0612-7

Ich danke meiner Frau, Dr. Irmgard Erika Elsholz, für Ihre große Unterstützung. Ohne ihre Anregungen hätte ich dieses Buch zur Freude Vieler nicht geschrieben und veröffentlicht.

Vorwort

Eine Gesellschaft, die duldet und nicht verhindert, dass sie von Interessengruppen manipuliert, missbraucht und allmählich vergiftet wird, darf sich nicht wundern, wenn unser blauer Planet zu einer Wüste verkommt. Niemand sollte glauben, dass man in der Lage ist, einen Wüstenplaneten wie den Mars für die Menschheit bewohnbar machen zu können. Es wäre sinnvoller, die Wüsten auf unserem Planeten in blühende Landschaften zu verwandeln, anstatt blühende Landschaften zu Wüsten und Gifthalden verkommen zu lassen.

Würde man sich die ungeheuren Kosten ersparen, die allein die Planungsarbeiten derart unrealistischer Projekte wie die Besiedlung des Mars zur Rettung der Menschheit verschlingen, und das Geld für die Sanierung unserer Erde und zum Wohle aller Lebewesen verwenden, hätten wir gleichzeitig eine bessere Welt, weniger leidende Menschen und niemand brauchte sich Gedanken zu machen, ob er bzw. seine Nachkommen eines Tages die Erde verlassen müssen, um überleben zu können. Wenn man die aktuellen Flüchtlingsströme mit den damit verbundenen Problemen betrachtet, dürfte eigentlich dem Dümmsten klar werden, wie der Aufbruch zum Mars aussehen und scheitern wird.

Man braucht kein Prophet zu sein, um vorhersagen zu können, dass es nur noch weniger Generationen bedarf, bis sich die Menschheit selbst ausgerottet hat. Wenn man z. B. in eine Nährflüssigkeit einige Bakterien gibt, kann man zusehen, wie Selbstzerstörung funktioniert. Die Bakterien vermehren sich zunächst immer stärker, da optimale Bedingungen herrschen, verbrauchen aber dabei immer mehr ihre begrenzten Nahrungsquellen bis sie schließlich an Nahrungsmangel und ihren eigenen Stoffwechselprodukten zu Grunde gehen, da niemand die von ihnen erzeugten Schadstoffe entfernt und die Nahrungsquellen erschöpft sind. Deshalb wird sich die Prophezeiung der Cree-Indianer bewahrheiten:

„Erst wenn der letzte Baum gerodet, der letzte Fluss vergiftet und der letzte Fisch gefangen ist, werdet ihr merken, dass man Geld nicht essen kann."

Warum das All nicht spontan entstanden ist.

„Der Verstand schafft nicht die Wahrheit, er findet sie vor." Augustinus Aurelius (354 – 430), Bischof von Hippo, Philosoph, Kirchenvater und Heiliger

Als einst Augustinus gefragt wurde: „Was tat Gott, bevor er Himmel und Erde schuf?" antwortete er: „Ich gebe nicht die Antwort, die ein anderer gegeben hat, der die schwierige Frage mit einem Scherze zu entgehen suchte. „Höllen", so sprach dieser, „bereitete er da für die, die so hohe Geheimnisse ergründen wollen."

Die heute bekannten und gesicherten Forschungsergebnisse ermöglichen es, ein realistisches Weltbild zu beschreiben. „Aber *obwohl das Weltgesetz allen Lebewesen gemeinsam ist*", wie schon Heraklit feststellte, *„ verhalten sich die meisten so, als ob sie eine eigene Welteinsicht besäßen."* Ende des Zitates.

Der griechische Philosoph Heraklit von Ephesos (520 v. Chr. - 460 v. Chr.) vertrat als einer der Ersten eine von allen damaligen Vorstellungsweisen verschiedene Einsicht in eine Weltordnung. Für ihn stand der heute unterschiedlich interpretierte Begriff des Logos im Mittelpunkt seiner philosophischen Betrachtungen. Er verstand darunter eine vernunftgemäße Weltordnung, die man erkennen und erklären kann. Der Ausgangspunkt seiner Überlegungen war die Erkenntnis, dass die natürlichen Prozesse einem beständigen Werden, Wandel und Vergehen unterliegen. In späterer Zeit wurde diese Erkenntnis auf die populäre Kurzformel „panta rhei" („Alles fließt") gebracht.

Leider verhindern heute wie in früheren Zeiten Macht, Geldgier, Eitelkeiten und Arroganz eine seriöse Information der Menschen und so werden wir desinformiert, manipuliert und die angeblich unabhängigen Medien, egal ob öffentlich rechtlich oder privat, machen alle mit. Schließlich sind für die Printmedien Auflagengröße und für die unterschiedlichsten Sender Quoten wichtiger als eine seriöse Information. Gefragt sind solche Sensationen und Aufmacher, die den Verkauf und damit gleichzeitig den Anzeigenumfang erhöhen. Daran ändern auch noch so begründete Einwände vieler anerkannter Wissenschaftler nichts, die auf grundsätzliche Widersprüche zu aktuellen wissenschaftlichen Entdeckungen und Erkenntnisse hinweisen. Zum Beispiel wird mit Hilfe vieler wirrer Behauptungen, die in keiner Weise bestätigt sind und nicht bewiesen werden können, alles für die Erhaltung der Urknalltheorie getan. Einwände gegen diese Irrlehre werden jedoch von den etablierten wissenschaftlichen Einrichtungen nicht zugelassen, werden zunächst ignoriert und wenn das nicht hinreichend funktioniert, verdrängt, unterdrückt, schließlich bekämpft, als Feldzug gegen die Wissenschaft erklärt und aus jeder Diskussion ausgeschlossen.

Gestützt wird diese Haltung dadurch, dass alle bisherigen Kritiken, die die Widersprüche zwischen der Theorie und den Beobachtungen beweisen, in der derzeitigen Medienlandschaft nicht veröffentlicht wurden mit dem Argument, dass angeblich realistische Erklärungen als Alternative zu der Urknallhypothese fehlen. Dies gilt besonders für schlüssige und logische Gegenbeweise, die die Urknallhypothese ad absurdum führen. So werden weiterhin Nobelpreise für diesen zum Dogma erhobenen Irrglauben verliehen, bejubelt und der ganze Unsinn auf diese Weise auch noch zusätzlich aufgewertet.

Seit sich Menschen über den Kosmos Gedanken machen, blieb unser Planet trotz aller „unumstößlicher Wahrheiten" nicht für alle Zeiten das Zentrum des Universums, aus der flachen Erde wurde eine Kugel und auch die Sonne weigerte sich schließlich, um die Erde zu kreisen. Leider kosteten diese wissenschaftlichen Erkenntnisse viel Leid, Blut, Mühsal und Tränen.

Wir sind ein Zufallsprodukt.

Der Schlüssel zum Verständnis für die Ereignisse im Weltall und der Entstehung des Lebens auf unserem Planeten sind Phasenübergänge. Man versteht darunter die Umwandlung eines Stoffes in verschiedene Aggregatzustände (fest, flüssig und gasförmig), z. B. Wasserdampf (gasförmige Phase), in Wasser (flüssige Phase) und in Eis (feste Phase).

Alle Weltreligionen berichten von Schöpfungstheorien oder von Schöpfungsmythen. Sie gehen davon aus, dass eine höhere Macht die Welt aus dem Nichts bzw. einem Chaos erschaffen hat. Die Anordnung der gesamten Materie im Kosmos, angefangen bei den elementaren Teilchen bis hin zu den großräumigen Strukturen wie Galaxien und Galaxienhaufen sowie die Existenz des Menschen können nach ihrer Überzeugung nur das Ergebnis eines intelligenten Schöpfungsplanes sein. Eine derartige Argumentation verlagert aber lediglich das Problem und löst nicht die Frage, wie der Schöpfer dieses Planes entstanden ist und ob er schon immer existierte.

Tatsache ist, dass wir die Welt so vorfinden, wie sie nun einmal von uns erfahren wird. Nun ist es eine Frage der Vorgehensweise, wenn man erkennen und verstehen will, warum das Universum so und nicht anders ist und ob es überhaupt einer Schöpfung durch wen oder was bedurfte. Das Problem ist, dass unser derzeitiges Weltbild das Ergebnis aus unterschiedlichsten Theorien und Zusatzhypothesen ist, die zu unterschiedlichen Zeiten und bei unterschiedlichstem Wissensstand erstellt wurden. Sie haben teilweise den Rang von Dogmen erlangt und verhindern eine seriöse und wertfreie Sachargumentation.

Die offizielle Lehre behauptet, dass das Universum durch einen „Urknall" entstanden ist, weil man sich dazu entschlossen hat, das Pferd von hinten aufzuzäumen, wie der Volksmund die Vorgehensweise bezeichnen würde, da man glaubt, von aktuellen und willkürlich vorgegebenen Werten linear auf die Entwicklungen des Universums in der Vergangenheit zurück rechnen zu können.

Eine grundlegende Erkenntnis der Physik ist der *Energieerhaltungssatz*. Er besagt, dass Energie nicht verschwinden oder aus dem Nichts entstehen kann. Sie steht somit auch nicht für die Behauptung zur Verfügung, dass das Universum durch einen Urknall aus dem Nichts entstanden ist. Energie kann lediglich von einer Form in eine andere umgewandelt werden. Bei einem offenen System hingegen entspricht die Zunahme der Gesamtenergie der Differenz der von außen zuströmenden und der nach außen abfließenden Energie. Im Universum besteht auch noch die Möglichkeit kinetische Energie durch Materialisierung in Form der sogenannten potentiellen Energie zu binden, bzw. bei Erreichen der Lichtgeschwindigkeit wieder in Form der Sublimierung frei zu setzen.

So schreibt Werner Heisenberg in Physik und Philosophie, 7. Aufl. Stuttgart: Hirzel, 2006, S. 92 - ISBN 3777610240 :

„Die Energie ist tatsächlich der Stoff aus dem alle Elementarteilchen, alle Atome und daher überhaupt alle Dinge gemacht sind, und gleichzeitig ist die Energie auch das - Bewegende - ". Ende des Zitates.

Das ist richtig, da die Energieteilchen in steter unregelmäßiger und ungeordneter Bewegung sind. Wäre es anders, würde es kein Universum geben, denn wo keine Bewegung, da ist auch keine Veränderung möglich und wo sich nichts verändert, kann weder etwas entstehen, noch vernichtet werden. Indem sich die Energieteilchen (Ätherteilchen oder WIMPs = *Weakly Interacting Massive Particles,* Dunkle Materie oder Urstoff) beliebig verdichten und verdünnen, sind, je nach den Rahmenbedingungen, Phasenübergänge möglich, durch die Quarks, Antiquarks, elektromagnetische Felder und Photonen entstehen und vergehen können.

Und Richard Feynman ergänzt: *„Es ist wichtig, einzusehen, dass wir in der heutigen Physik nicht wissen, was Energie ist. Wir haben kein Bild davon, dass Energie in kleinen Klumpen definierter Größe vorkommt."* - Vorlesungen über Physik, Band I, Kap. 4-1, Seite 4-2, Oldenburg, 1972, 2. Aufl., ISBN 3-486-33691-6.

Ein weiteres Problem zum Verständnis des Kosmos stellen einige unrealistische Interpretationen von Albert Einsteins Relativitätstheorie und der Quantenmechanik durch Vertreter der Theoretischen Physik dar, denn beide Theorien sind gut bestätigt und machen hochpräzise Vorhersagen. Aber beide Theorien können zurzeit mathematisch nicht vereinigt werden. Das Verständnis des Universums wird deshalb erst erreicht werden, wenn es einem Querdenker gelingt, ohne Rücksicht auf die offizielle Lehre, eine Theorie zu unterbreiten und zu veröffentlichen, die die allgemeine Relativitätstheorie mit der Quantenphysik vereint, indem er die verschiedensten gesicherten Erkenntnisse zusammenträgt und vernetzt. Obwohl es nach meiner Überzeugung genügend Physiker gibt, die ebenfalls dazu in der Lage wären, haben sie, wegen der bereits weiter oben beschriebenen Missstände keine Möglichkeit, ihr Wissen der Allgemeinheit zur Verfügung zu stellen.

Die gesuchte T.O.E. (Theory Of Everything), auch Weltformel genannte, lässt sich anschaulich in einem uralten Piktogramm darstellen.

Weltformel als Piktogramm

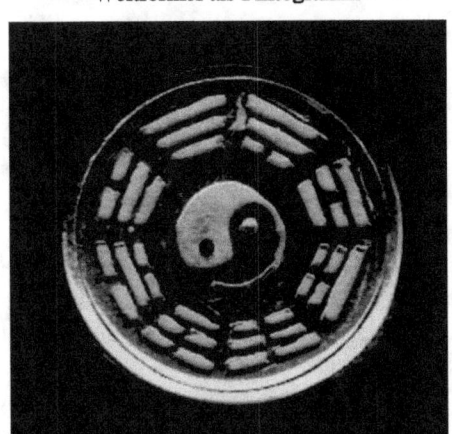

Piktogramme sind Vorläufer der ersten Schriften und Zahlen.

Dieses Piktogramm zeigt in den einfachen Zeichen des Yin und Yang, wie alles im Wechsel ist. Es beschreibt das Wissen alter Kulturen und ist für den Laien informativer und verständlicher als moderne mathematische Konstrukte. Yin und Yang sind zwei Begriffe der chinesischen Philosophie. Die Zeichen Yin und Yang wurden bereits auf Orakelknochen gefunden, die aus der Zeit zwischen dem 16. bis 11. Jahrhundert v. Chr. stammen sollen. Sie stehen für einander entgegengesetzte und dennoch aufeinander bezogene Kräfte. Yin und Yang können nicht gleichzeitig ansteigen oder absinken. Wenn sich Yang vergrößert, verringert sich Yin und umgekehrt. Sie befinden sich also wie das Universum in einem Fließgleichgewicht und sind eine Information für Schriftunkundige in Form vereinfachter graphischer Darstellungen. Es dürfte sich also um die ersten Piktogramme von weltweiter Bedeutung handeln, die ein tiefes umfassendes Verständnis der gegensätzlich wirkenden Naturkräfte zum Ausdruck bringen und die Evolution aller Dinge erklären. Yin und Yang bezeichnen „Gegensätze" in ihrer wechselseitigen Bezogenheit als eine Gesamtheit, als einen ewigen Kreislauf. Daher können sie zur Erklärung von Wandlungsvorgängen und Prozessen und zur Darstellung der gegenseitigen Begrenzung und Wiederkehr von Dingen benutzt werden.

Yin und Yang sind die traditionellen Ordnungsprinzipien der chinesischen Weltsicht, wie wir sie auch in dem über 2500 Jahre alten *Buch der Wandlungen* (I Ging) finden. Es sind Polaritäten, die sich wechselseitig hervorbringen und gegenseitig bedingen. Das eine Prinzip kann ohne das andere nicht existieren - ohne Licht kann es bekanntlich keinen Schatten geben.

Es gibt acht Trigramme, also acht Möglichkeiten, jeweils drei wahlweise durchgezogene (Yang) oder durchbrochene (Yin) Linien zu kombinieren. Um ein Trigramm zu verstehen, muss man zwei Aspekte betrachten. Zwei Trigramm bilden ein Hexagramms in einem bestimmten Umfeld. Dabei ist es wichtig zu verstehen, dass Trigramme dynamische Herangehensweisen an die Wirklichkeit darstellen. Die acht Trigramme werden oft in Form eines Kreises dargestellt. (Siehe obige Abbildung).

Die I-Ging-Hexagramme bilden eine Duale Anordnung von Gegensatzpaaren in Bezug auf die Striche oder Trigramme, aus denen sie gebildet werden. Wenn ein Bild mit seinem Umkehr-Bild gleich ist, folgt sein entsprechendes komplementäres Bild. Jedes Hexagramm bildet so mit seinem Umkehrbild ein Paar.

Die Hexagramme im I Ging setzen sich aus 2 x 3 Linien, den sogenannten „Trigrammen" zusammen. Jedes Hexagramm besteht aus drei zusammenhängenden oder unterbrochenen Linien unterschiedlichen Ranges und hat eine eigenständige Bedeutung. Aus der Verbindung zweier Trigramme entsteht ein Hexagramm. Auch hier die gegensätzliche Darstellung als Piktogramm in Form eines Strichcodes, um das Ganze zu beschreiben. Die durchgehenden Linien stehen für fest und licht, die unterbrochenen Linien für weich und dunkel. Die Bedeutung jedes Hexagramms leitet sich von der sinnbildlich „dynamischen" Verbindung zweier Trigramme ab.

Nach meiner Überzeugung führt dieses Piktogramm aus vergangenen Zeiten in der modernen Atomphysik zu einem ganz neuen Verständnis des Atomaufbaus und aller Wechselwirkungen, da es sich bei diesem Piktogramm um eine Analogie zu einem Atommodell, wie ich es sehe und später noch ausführlich begründen werde, handelt. Der entscheidende Unterschied zur offiziellen Lehre besteht darin: Drei Quarks und drei Antiquarks bilden ein Proton, den kugelförmigen Atomkern des Wasserstoffatoms, entsprechend dem Hexagramm und drei spiegelbildliche Quarks und drei Antiquarks bilden die Antimaterie in Form des Neutrons. So gesehen, brauchen die Teilchenphysiker auch nicht mehr Naturkonstanten außer Kraft zu setzen, denn die Ladung von Teilchen und von Materiemengen beträgt entweder Null oder ist ein ganzzahliges (positives oder negatives) Vielfaches von e. So besitzt zum Beispiel das Elektron die Ladung $-e$, ein Proton die Ladung $+e$. Die Protonen bestehen aber aus Quarks und Antiquarks. Da die Quarks und Anti-Quarks aber ebenfalls eine Ladung haben, wird nach der Theorie des Standardmodells kurzer Hand behauptet, dass Quarks, da sie keine freien Teilchen sind, eine Ausnahme machen und ihre Ladungen $\pm\frac{1}{3}e$ oder $\pm\frac{2}{3}e$ zu betragen hat.

Dabei ist unstrittig, dass Quarks nur paarweise als Quark und Antiquark existieren und bisher nicht getrennt werden konnten. Wenn man also statt drei Quarks drei Quarkpaare einen Atomkern zugesteht, braucht man die Ladung von Quarks in den Atomkernen nicht zu dritteln und auch nicht Naturgesetze außer Kraft zu setzen. Diese Manipulation der Teilchenphysiker zu Gunsten einer Theorie ist erschreckend, zumal Quarks die Bausteine der Materie sind. Hier bestätigt sich wieder einmal die Feststellung von Georg Friedrich Wilhelm Hegel: **„Wenn die Tatsachen nicht mit der Theorie übereinstimmen, umso schlimmer für die Tatsachen."**

Dass diese Sicht der Dinge richtig ist, ergibt sich auch aus der Tatsache, dass man auf diese Weise nicht mehr die Ladung der Atomkerne dritteln muss, da nach der offiziellen Lehre ein Proton aus zwei up-Quarks und einem down-Quark bestehen soll. Quarks kommen aber auf unserem Planeten immer nur paarweise vor, und damit gegen den Satz der

Alle Elemente sind aus den beiden oben beschriebenen Protonen und Neutronen aufgebaut und jedes Element hat zwei Polaritäten nach dem Yin Yang Prinzip. Der eine Pol (Yang-Anteil) ist das Aktive, das Schöpferische, das Strahlende und die elektrische Komponente (Kondensator Prinzip). Der Gegenpol (Yin-Anteil) ist das Ruhende, das Zersetzende, das Empfangende und die magnetische Komponente (Spulen Prinzip). Sind die beiden Prinzipe in Harmonie und schwingen miteinander, bilden diese einen (elektrischen) Schwingkreis. Pol und Gegenpol, bilden eine Dualität.

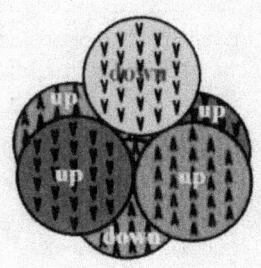 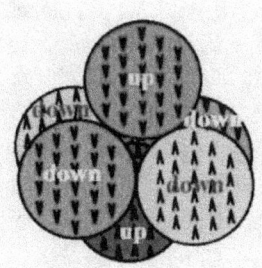

$+2/3 - 1/3 + 2/3 = e$ $\qquad\qquad\qquad$ $-2/3 + 1/3 - 2/3 = e$

$+4/6 - 2/6 + 2/3 = e$ $\qquad\qquad\qquad$ $-4/6 + 2/6 - 4/6 = e$

Überwiegend elektrisches Feld $\qquad\qquad$ Überwiegend magnetisches Feld

Drei Quarks und drei Antiquarks bilden je einen kugelförmigen Zusammenschluss mit einem Hohlraum im Zentrum. Die < Pfeile > zeigen, wie ich später ebenfalls ausführlich darlegen werde, die Ausrichtung der Ätherteilchen in den Konvektionsströmungen zum Zeitpunkt des Phasenüberganges am massiven Rand eines Schwarzen Loches an. Sie entsprechen der „Wicklung" von Spulen, wie sie bei den Elektromagneten verwendet werden.

Nach heutigem Wissensstand entstehen Sterne aus intergalaktischen Nebeln, die zwar regional in ihrer Zusammensetzung voneinander abweichen können, aber im Durchschnitt aus 60% Wasserstoff, 38% Helium und 2% anderen Elementen bestehen. Innerhalb dieser Nebel kommt es zu unterschiedlichen Verdichtungen, bis schließlich diese Nebel unter der stetig zunehmenden Schwerkraft zu einem massiven „kristallinen" Kern kollabieren. Sobald Druck und Temperatur einen Grenzwert überschreiten, beginnt der Wasserstoff im Zentrum des Sternes zu Helium zu fusionieren. Diese Fusion wird in Fachkreisen als „Wasserstoffbrennen" bezeichnet, obwohl diese Formulierung irreführend ist und nichts mit dem zu tun hat, was man landläufig unter Brennen versteht. Verbrennen ist ein chemischer Prozess, bei dem sich bestimmte Atome mit Sauerstoff verbinden. Dabei wird Energie frei, aber die Masse als solche – die Atome und somit die Materie bleiben erhalten. Wenn z.B. Wasserstoff verbrennt, verbindet er sich mit Sauerstoff und es entsteht Wasser - aber es sind hinterher noch genauso viele Sauerstoff und Wasserstoffatome wie vorher.

In den Sternen, wie z.B. auch in unserer Sonne, passiert dagegen etwas ganz anderes. Dort verschmelzen kleine Atome zu neuen, größeren Atomen. Das bedeutet: Jeweils vier Wasserstoffatome fusionieren zu einem Heliumatom, und jedes Mal wird dabei ein Hundertstel der ursprünglichen Masse in Energie umgewandelt.

Durch diese Fusionsvorgänge sinkt der Innendruck der Sterne, der durch die zuvor freigesetzte Fusionsenergie entstanden ist, und der Stern schrumpft unter dem Einfluss seiner Gravitation weiter in sich zusammen. Dabei erhöhen sich Dichte und Temperatur erneut. Das hat wiederum zur Folge, dass eine weitere Fusionsstufe einsetzt, in der Helium über das Zwischenprodukt Beryllium zu Kohlenstoff fusioniert. Diesen Vorgang nennt man Heliumbrennen. Indem der Vorgang: Erschöpfung des Kernbrennstoffs, Kontraktion und nächste Fusionsstufe sich wiederholt, entsteht durch Kohlenstoffbrennen Sauerstoff. Weitere Fusionsstufen Neonbrennen und Siliciumbrennen lassen den immer kleiner werdenden Stern ebenfalls neue Elemente fusionieren. Allerdings setzt jede Fusionsstufe weniger Energie als ihr Vorgänger frei und läuft schneller ab. Beim Eisen, dem 26. Element auf dem Periodensystem, stoppt die Fusionskette, da Eisenatomkerne die höchste Bindungsenergie aller Atomkerne haben und Fusionen zu schwereren Elementen Energie verbrauchen statt freizusetzen. Wenn diese Fusion im Eisenkern endet, sinkt der Strahlendruck, das Gleichgewicht zwischen expandierendem Strahlendruck und komprimierenden Gravitationsdruck wird aufgehoben und der Stern bricht unter seiner eigenen Schwerkraft zusammen. Infolgedessen steigt die Innentemperatur des Sternes derart an, dass der dadurch provozierte Strahlendruck stärker als die Schwerkraft wird. Folglich werden die den Kern des Sternes umgebenden schalenförmigen Schichten, die sich bei den Fusionsprozessen gebildet haben, in einer riesigen Explosion abgesprengt und der Stern leuchtet durch die plötzlich frei werdende Energie milliardenmal heller als vorher auf. Für kurze Zeit kann er sogar eine ganze Galaxie an Helligkeit übertreffen!

Große Mengen der schalenförmigen Schichten werden in den Weltraum geschleudert und verschwinden in den Weiten des Alls. Die Teile, die nicht die nötige „Fluchtgeschwindigkeit" erreicht haben, bleiben in unterschiedlichen Entfernungen zum Zentrum des ehemaligen Sternes auf verschiedenen Bahnen im Schwerefeld der so entstandenen „Super Nova" oder stürzen auf den Kern des explodierten Sternes zurück. Der Begriff „Super Nova" wurde von dem lateinischen Ausdruck „stella nova" (neuer Stern) abgeleitet. Tycho Brahe verwendete diese Bezeichnung nach einer Sternexplosion, die er 1572 beobachtet hatte. Er bezieht sich auf das plötzliche Auftauchen eines vorher nicht sichtbaren sternähnlichen Objektes am beobachtbaren Himmel. Wir alle bestehen eben aus Sternenstaub, den Überresten derartiger früherer Supernovae! So ist ein Sternentod immer auch verbunden mit der Bildung neuer, aus seinen Bruchstücken entstandener deutlich kleinerer Sterne. Aus einem derartigen Vorgang ist dereinst auch unsere Sonne entstanden.

Zurzeit wird das Alter unseres Sonnensystems mit 4,567 Milliarden Jahren angegeben. Die Altersbestimmung wurde anhand des radioaktiven Zerfalls von Uran zu Blei ermittelt. Dabei muss man wissen, dass nach der offiziellen Lehre unser Sonnensystem aus Sternenstaub entstanden sein soll, der von Sternen stammt, die einige Millionen oder sogar Milliarden Jahre vor der Geburt unseres Sonnensystems explodierten. Bei derartigen Supernova-Explosionen wurden alle schweren Elemente erzeugt, unter ihnen auch Uran. Wenn man also eine realistische Altersbestimmung des Sonnensystems durchführen will, muss man den Zerfall von Uran zu Blei von gleichalten Uranproben machen. In unserem Sonnensystem scheinen jedoch alle Uranproben gleich alt zu sein, da die Bestimmungen des radioaktiven Zerfalls von Uran immer zu gleichen Werten geführt haben. Das bedeutet, dass unsere Sonne ein Stern der zweiten Generation und aus einem größeren älteren Stern hervorgegangen ist. Unsere Sonne kann aber wegen ihrer geringen Masse nur noch Wasserstoff in Helium umwandeln, wodurch zwar immer noch enorme Energiemengen frei werden und unsere Sonne so funktioniert, wie wir sie kennen. Allerdings wird unsere Sonne aus physikalischen Gründen nicht mehr explodieren können. In ihrer Endphase wird der Strahlendruck nur noch einmal so stark ansteigen, dass sie sich entgegen der Schwerkraft zu einem roten Gasball aufbläht, bevor sie zu einem „Braunen Stern" mit massiven Eisen kollabiert und ziellos durch das Weltall driften wird.

Dieser Eisenklumpen kann jedoch in Äonen von Jahren als Kondensationskeim für intergalaktische Materie auch wieder Wasserstoff und Helium einsammeln und so einen neuen Stern aufbauen. In den 90ger Jahren des vorigen Jahrhunderts hat man sich auf die Suche nach erdähnlichen Exoplaneten gemacht, die andere Sterne umkreisen und zur allgemeinen Überraschung zugleich immer mehr Braune Zwerge entdeckt. Es ist die „Asche" früherer „ausgebrannter" Sterne. Erst wenn die Masse des neu entdeckten Objektes bestimmt ist, lässt sich entscheiden, ob es sich um einen Planeten oder einen Braunen Zwerg handelt. Bei der Suche nach Exoplaneten erhöht sich also die Zahl der uns bekannten Braunen Zwerge ständig. Die Planetenforscher müssen folglich aufpassen, dass sie wirklich einen Planeten und nicht einen ausgebrannten Sternenrest vor sich haben.

Aber schon die antiken Philosophen lehrten: **Natura non facit saltus** („Die Natur macht keine Sprünge"). Mit dem Satz wird zum Ausdruck gebracht, dass sich die Prozesse bzw. die Veränderungen in der Natur nicht sprunghaft und plötzlich vollziehen, sondern prinzipiell fließend und stetig. Es ist deshalb sehr wahrscheinlich und wird durch neueste Beobachtungen bestätigt, dass im Universum unterschiedlich alte Sterne in allen Varianten und Größen vorkommen und verschiedene Stadien durchlaufen können.

Aus diesem Grund gibt es verschiedene Sternengenerationen, weil nach einer Supernova-Explosion ein Teil der Sternenmasse in das All geschleudert wird, während die Teile, die nicht die nötige Fluchtgeschwindigkeit erreichen, im Schwerefeld ihres Ursprungsternes verbleiben und entweder auf unterschiedliche Umlaufbahnen sich mit anderen Teilchen verbinden oder aber wieder in den Kern zurückstürzen und, wenn genügend Masse übrig geblieben ist, als ein kleinerer Stern erneut die Kernfusion einleiten, wie ich bereits weiter oben beschrieben habe.

Unsere Sonne besteht zurzeit aus ca. 75 Prozent Wasserstoff, 23 Prozent Helium und 2 Prozent aus schwereren Elementen, wobei durch den nuklearen Fusionsprozess der Wasserstoffanteil langsam, aber stetig sinken wird.

Die Sonne lässt sich physikalisch in vier Zonen unterteilen: Im Zentrum befindet sich ein Eisenkern, der von einem 20%gen Anteil des Sonnenradius umgeben ist, in dem die Energie durch Kernfusion erzeugt wird, wobei vier Wasserstoffkerne zu einem Heliumkern verschmelzen. Damit überhaupt eine Kernfusion stattfinden kann, müssen im Zentrum der Sonne Temperaturen von ca. 15 Millionen Kelvin und ein Druck von über 20.000 Pascal herrschen. Danach folgt die sog. die Strahlungszone, in der die im Inneren vorhandenen Elemente unzähligen Streuungen und Reflexionen unterworfen werden und erst im Mittel nach 170.000 Jahren an den oberen Rand der Strahlungszone gelangen. Dort angekommen, werden sie innerhalb von wenigen Tagen durch Konvektion an die Sonnenoberfläche transportiert, von wo aus sich Strahlung und Teilchen mit Lichtgeschwindigkeit radial im Raum ausbreiten.

Die naturwissenschaftlich interessierten Menschen wären heute durchaus in der Lage, sich ein reales Bild vom Universum und seinen fortwährenden Veränderungen auf Grund von gesicherten Beobachtungen, Experimenten und dadurch gewonnenen Erkenntnissen zu machen und richtig zu beschreiben, wenn dies nicht durch eine übermächtige Wissenschaftslobby in Verbindung mit den Medien verhindert werden würde. Ich will deshalb auf diesem Wege versuchen, das Pferd von vorne aufzuzäumen.

Sämtliche von den Astrophysikern gemachten Berechnungen für das Alter des Universums setzen voraus, dass der Urknall als zeitlicher Beginn des Universums betrachtet werden muss, was wegen Unkenntnis der physikalischen Gesetze für den Zustand unmittelbar nach Beginn des Urknalls keines Wegs gesichert ist, da ein *dynamisches* unendlich großes Weltall nicht ausgeschlossen werden kann. Zudem lässt sich die Urknalltheorie nicht mit der Quantentheorie vereinbaren. Der Hinweis des Astronomen Olbers, dass bei einer unendlichen Ausdehnung und unendlichem Alter des Universums der Nachthimmel hell leuchten müsste, da jeder Blick, den man in den Himmel richtet, automatisch auf einen Stern fallen würde (sog. Olbersches Paradoxon) ist unhaltbar. Die Vertreter der Urknalltheorie haben offensichtlich die Relativitätstheorie von Einstein nie gelesen oder nie verstanden. Tatsache ist, dass Einstein voraussagte, dass Photonen der Schwerkraft unterliegen, was vielfach auf unterschiedlichste Weise bestätigt wurde und völlig unstrittig ist. Wenn aber etwas der Schwerkraft unterliegt, so muss es erfahrungsgemäß Energie aufwenden, wenn es sich dieser Schwerkraft entzieht bzw. gegen die Schwerkraft bewegt. Dies entspricht nicht nur der täglichen Erfahrung, es wurde auch für Photonen durch die Versuche von R. V. Pound und G. A. Rebka im Jahre 1960 bewiesen, die in ihren Experimenten die gravitative Rotverschiebung von Gamma-Strahlung im Gravitationsfeld der Erde nachweisen konnten.

Wird ein Grenzwert unterschritten, zerfallen die Photonen in das Medium, das als Äther Eingang in die Literatur gefunden hat. Dieser Sachverhalt erklärt auch, warum es beim Olbersschen Paradoxon nur scheinbar einen Widerspruch zwischen der Vorhersage eines hellen Nachthimmels und seiner tatsächlichen dunklen Erscheinung gibt. Die Lösung des Problems ist, dass uns nur ein Bruchteil der Photonen von anderen leuchtenden Objekten im Universum erreicht, da die Photonen schon vorher „erlöschen" und uns folglich auch gar nicht erreichen können. Man hat einfach vorausgesetzt, dass Photonen nicht ermüden und schließlich ganz verschwinden. Vielmehr wird behauptet, dass Photonen eine unendliche natürliche Lebensdauer haben. Allein diese Behauptung zeigt, wie weit die Experten von der Realität entfernt sind, da es im gesamten Universum nichts mit Ausnahme des geleugneten Äthers gibt, was von Dauer ist. Auch die Behauptung, dass Photonen keine Masse haben, ist falsch, da sie sonst nicht der Schwerkraft unterliegen würden. Das ist auch der Grund, weshalb sie auf ihrem Weg durch die unterschiedlichsten Gravitationsfelder Energie verlieren, was sich durch die Rotverschiebung der Spektren beweisen lässt.

Photonen ermüden und irgendwann führt das zu ihrem Erlöschen. Da es für Photonen keinen Ruhephase gibt, haben sie zwangsläufig auch keine Ruhemasse, bzw. Ruheenergie. Unter der Ruheenergie versteht man die Energie eines Teilchens oder Systems in seinem Ruhesystem d. h. in dem Bezugsystem, in dem sein Gesamtimpuls null ist. Aus der Energie-Impuls-Relation folgt nach der berühmten Einsteinschen Gleichung: $E_0 = m_0 c^2$. Auf gut deutsch: Wo nichts ist, kann weder Masse noch Energie sein.

Somit sind auch die Berechnungen für den fiktiven Urknall falsch. Auch kann niemand sagen, was in den Weiten des Alls geschieht, von dem uns keine Photonen erreichen. Diese Bereiche bleiben für uns im ewigen Dunkel. In Anlehnung an Bertolt Brecht könnte man feststellen: „Denn die einen sind im Dunkeln und die andern sind im Licht. Und man siehet die im Lichte, die im Dunkeln sieht man nicht."

Die WIMPs, die Felder und die Quarks bzw. Antiquarks eines Systems können deshalb, abhängig von der jeweiligen Temperatur, den Druckverhältnissen und ihrer Geschwindigkeit, wechselseitig ineinander umgewandelt werden. So können aus den offiziell geleugneten gasförmigen Ätherteilchen, massive Quarks und Antiquarks sowie die unterschiedlichsten Felder aufgebaut und wieder vernichtet werden. Alle Abläufe im Universum beruhen auf nichtlinearen dynamischen Vorgängen und dynamischen Systemen, die zwar einen Fließgleichgewichtszustand anstreben, aber nie erreichen können, denn das würde absoluten Stillstand, also Unbeweglichkeit aller Teilchen voraussetzen und das ist nach dem 3. Hauptsatz der Wärmelehre, der auch als Nernstsches Wärmetheorem bekannt ist, unmöglich. Wäre es anders, würde es weder uns noch ein Universum geben. So viel zu den Voraussetzungen für das Verständnis des folgenden Textes.

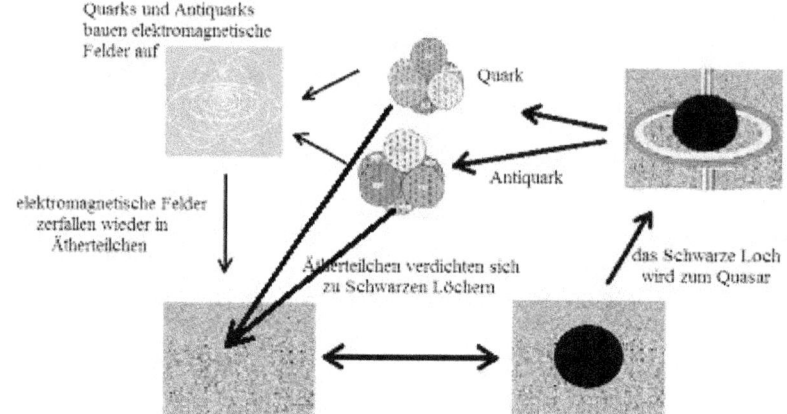

Materie sublimiert bei überschreiten der Lichtgeschwindigkeit zu Ätherteilchen

Das Universum im dauernden Wandel

In der Thermodynamik nennt man den unmittelbaren Übergang eines Stoffes vom festen in den gasförmigen Aggregatzustand, ohne sich vorher zu verflüssigen, Sublimation. Nach dem Selbstähnlichkeitsprinzip kann man sich den Vorgang auch bei den Teilchen vorstellen, die Überlichtgeschwindigkeit erreichen.

Den oben beschriebenen Vorgang bestätigte Professor Nimtz in einem spektakulären Experiment: Er schickte Mikrowellen auf zwei Wegen von einem Generator über einen Hohlleiter - ein metallenes Rohr, das Mikrowellen leiten konnte - zu einem Empfänger. In einer Referenzstrecke führte der Weg zwischen zwei Antennen eine kurze Strecke durch die Luft. Das überraschende Resultat war, dass die Signale durch die enge Metallröhre schneller waren, als die durch die Luft.

Die Ergebnisse sind frappierend. Die Wellen durchtunnelten ein zehn Zentimeter langes enges Metallrohr in 130 Pikosekunden (1 Pikosekunde = eine Billionstelsekunde). Von tunneln spricht man in der Physik, wenn Teilchen eine Potentialbarriere von endlicher Größe überwinden. In einem luftleer gepumpten Leiter benötigten die Teilchen für die gleiche Strecke hingegen 333 Pikosekunden. Das tunnelnde Signal war somit um rund 200 Pikosekunden schneller.

Je länger das enge Metallrohr war, desto weniger Teilchen kamen jedoch am anderen Ende des Rohres an. Nimtz und Mitarbeiter maßen bei zehn Zentimeter Tunnellänge eine Dämpfung des Signals um einen Faktor bis zu 10 000. Das bedeutet, dass eine große Zahl der Teilchen bei Überlichtgeschwindigkeit bereits auf einer derart kurzen Strecke verschwanden, also sublimierten und ist ein sicherer Beweis für meine Ausführung, dass sich bei Überlichtgeschwindigkeit Materie wieder in Ätherteilchen umwandelt.

Allerdings zogen die Experten Einsteins Relativitätstheorie sofort in Zweifel. Im Eifer der Diskussionen unter besagten Fachleuten wurde völlig übersehen, dass Einsteins Aussagen nur hinsichtlich der maximalen Geschwindigkeit von Informationen in Inertialsystemen gültig sind. Über die Signalausbreitung unter künstlich geschaffenen Bedingungen hat sich Einstein nie geäußert. Übrigens behaupten ja die Astrophysiker einerseits, dass kein Teilchen, auch keine Photonen, je ein Schwarzes Loch wegen der extremen Gravitationskräfte verlassen kann, andererseits haben sie keine Probleme damit einer staunenden breiten Öffentlichkeit zu verkünden, dass die Jets aus Teilen der Überresten der von der Schwerkraft zerrissenen Sterne, die auf das Zentrum eines Schwarzen Loches zugestürzt sind, gebildet werden. Das ist schon erstaunlich, da die Jets einige Lichtjahre weit in das All die Teilchen mit annähernder Lichtgeschwindigkeit abstrahlen. Wie soll es eigentlich mit rechten Dingen zugehen, welche bisher unbekannte Kraft sollte in der Lage sein, ein derart starkes energetisches Potential der vorherrschenden Gravitationskraft nicht nur aufzuheben, sondern auch noch gegen die Schwerkraft die Teilchen, die aus allen Richtungen anströmen, zu Jet zu bündeln und mit Lichtgeschwindigkeit einige Lichtjahre weit in das All zurück zu katapultieren. Ferner wäre zu erwarten, dass die Sterne in Serie in die Schwarzen Löcher stürzen müssten, damit genügend Material für den dauerhaften Ausstoß der Teilchen in Form von Lichtjahre langen Jets überhaupt möglich ist. Auch hier haben wir es mit Ergebnissen von Berechnungen zu tun, die nur für Inertialsysteme gelten. Wenn aber ein Schwarzes Loch einen derart immensen Innendruck zwischen dem massiven Kern und dem angrenzenden Plasma durch die Nanoteilchen, die dauernd entstehen, sich aber nicht an den extrem schnell rotierenden Kern des Quasars anlagern können, aufbaut, dann wird dieser Druck größer als die entgegenwirkenden Gravitationskräfte, worauf die Jets „gezündet" und so lange in das All abgeblasen werden, bis der Innendruck als Folge mangelnder Teilchenmengen den Quasar wieder zu einem Schwarzen Loch werden lässt, wie man dies in alten Galaxien beobachten kann.

Auf die spezielle Relativitätstheorie berufen sich auch immer noch Physiker, die bei Überlichtgeschwindigkeit Zeitreisen oder zumindest das Versenden von Nachrichten in die Vergangenheit für möglich halten. Niemand weist mit Nachdruck darauf hin, dass der Zusammenhang zwischen Überlichtgeschwindigkeit und Zeitreise von den Eigenschaften der Lorentz-Transformation im Minkowski-Diagramm abgeleitet wurde, also ein mathematisches Hirngespinst ist. Aus diesem Grunde muss man noch einmal mit aller gebotenen Deutlichkeit darauf hinweisen, dass von seriösen Fachleuten erwartet werden kann, dass sie wissen, dass man Theorien und mathematische Ergebnisse nicht über ihren Geltungsbereich hinaus strapazieren darf. Wenn Physiker nicht bereit sind, sich auf die mathematische Beschreibung experimentell und messend erfassbarer Vorgänge zu beschränken, sondern wild herum phantasieren, dann sollen sie die Finger von der Mathematik lassen. Schließlich gibt man Kleinkindern auch kein scharfes Messer in die Hand. Das liegt nicht daran, dass das Messer schlecht ist, sondern daran, dass Kleinkinder eben nicht sachgemäß mit scharfen Messern umgehen können.

Dass Zeitreisen in die Vergangenheit unmöglich sind, sagt einem nicht nur der gesunde Menschenverstand. Schließlich ist noch kein Sterblicher vor seinem Start im Ziel angekommen. Egal mit welcher Anfangsgeschwindigkeit etwas startet bzw. gestartet wird, es kann nie vor seinem Start im Ziel ankommen, wie hoch auch immer die Geschwindigkeit ist und wie gering der Zeitunterschied zwischen Start und Ziel auch sein mag, ein minimaler Zeitunterschied wird stets bestehen bleiben. Professor Nimtz bewies das ganz nebenbei, als er ein Experiment durchführte, bei dem den Mikrowellen mit Frequenzmodulation die 40. Sinfonie von

Mozart aufgeprägt wurde. Diese Musiksignale wurden auf den Mikrowellen durch eine Barriere im Hohlleiter übertragen. Dabei stellten die Experimentatoren fest, dass sich die Musik, die auf der Mikrowelle moduliert worden war 4,7-mal schneller ausbreitete als Licht im Vakuum. Aber das Entscheidende an dem Experiment war, dass alle die Sinfonie unverändert hören konnten. Da sie aber mit Überlichtgeschwindigkeit abgespielt wurde, hätte man sie eigentlich umgekehrt, also rückwärts abgespielt hören müssen, die letzten Noten zuerst und die ersten Noten zuletzt. Das Versenden von Nachrichten mit Überlichtgeschwindigkeit in die Vergangenheit war folglich nicht gelungen. Wenn nämlich, wie man dem wehrlosen Einstein unterjubelt, Signale überlichtschnell in der Zeit rückwärts laufen, würde dies bedeuten, dass eine Wirkung vor ihrer Ursache eintreten kann. Man scheut also nicht einmal davor zurück, das Prinzip der Kausalität zu verletzen, das die zeitlichen Zusammenhänge in unserem Alltagsleben bestimmt. Was ist das für eine erbärmliche Physik und die wird auch noch von unseren Steuergeldern bezahlt. Ganz davon abgesehen, dass dieser Unsinn gelehrt wird und von den Lernenden akzeptiert werden muss, wenn sie ihre Prüfungen bestehen wollen!

Dass derart schizophrene Ansichten ernsthaft von Fachleuten als offizielle Lehre „verkauft" werden darf, ist in hohem Maße erschreckend und reinste Volksverdummung. Gleichzeitig wird mit dieser Vorgehensweise verhindert, dass seriöse Wissenschaftler in diese mafiosen Strukturen vordringen und dort etwas verändern können.

Die Veränderungen im Kosmos sind die Folgen von Phasenübergängen und Selbstorganisation, wie die Chaosforschung erkannt hat. Unter Chaosforschung darf man nicht die Abwesenheit von Ordnung verstehen. Man versucht vielmehr die Unvorhersehbarkeit einer Entwicklung bzw. eines Systems zu erforschen, zu verstehen und mathematisch zu beschreiben. Das ist auch der Grund dafür, dass sowohl Vorhersagen wie das Zurückrechnen in vergangene Zeiten nur bedingt möglich sind, da man oft weder den jeweiligen Ausgangszustand noch die Störfaktoren hinreichend genau kennt bzw. in Erfahrung bringen, noch eventuelle Phasenübergänge bestimmen kann. Als Musterbeispiel wird immer wieder auf das Problem der Wettervorhersage verwiesen. Das ist auch der Grund, warum Schüler immer wieder spotten: „Physik ist das was nie gelingt, Chemie nennt man was kracht und stinkt!" Die Chaostheorie versucht das Verhalten von dynamischen Systemen, die äußerst empfindlich auf Veränderungen ihrer Anfangswerte reagieren, zu erforschen und mathematisch zu beschreiben. Es geht folglich um Systeme, in denen kleinste Störungen exponentiell anwachsen können und die weitere Entwicklung nicht nur beeinflussen, sondern sogar beherrschen können. Das bedeutet wiederum, dass sie nicht langfristig vorhersehbar sind. Aus diesem Grunde spricht man von einem „Deterministischen Chaos", das nur in nichtlinearen Systemen auftritt und nicht vom Zufall allein abhängig ist. Das deterministische Chaos funktioniert als eine Art Rahmenprogramm, innerhalb dem die unterschiedlichsten Prozesse durch Wechselwirkungen und Rückkopplungen bis hin zu einer Kanalisierung nach gesetzlichen Vorgaben ablaufen. Als Beispiele möchte ich an alltägliche Entwicklungen wie die Steinzeitwerkzeuge, das Rad, die ersten Schiffe oder die ersten Flugzeuge und in der Biologie die ersten primitiven Gliedmaßen, die Augen oder das Gehirn im Vergleich zur heutigen Situation erinnern. Aus diesem Grunde können sich die unterschiedlichsten Entwicklungsvorgänge und Entwicklungsstufen nicht willkürlich aufbauen oder spontan entstehen, sondern sie sind an die elementaren Eigenschaften der Vorstufe des jeweiligen Entwicklungsschrittes und des Ausgangsmaterials, die naturgesetzlichen Einschränkungen und die jeweiligen Rahmenbedingungen gebunden. Das ist auch der Grund, weshalb Paläoanthropologen nach dem „Missing Link", einer noch unentdeckten fossilen Übergangsform zwischen entwicklungsgeschichtlichen Vor- und Nachfahren suchen, die aufgrund entwicklungstheoretischer Überlegungen vorhergesagt wurde und die Überlieferungslücke hinsichtlich der Entwicklung des Lebens auf der Erde schließen würde. Der Grund für diese Vorgehensweise ist die Überzeugung, dass in der Natur alle Übergänge fließend erfolgen, wobei aber die einzelnen Schritte oft unterschiedliche Konservierungsbedingungen hatten und deshalb schwer nachzuweisen sind. Solch ein verbindender Fund hat den Charakter eines Bindegliedes, d. h. das Fossil zeigt, da die Natur, wie schon Aristoteles erkannte, „keine Sprünge macht", sowohl Merkmale älterer als auch jüngerer Entwicklungsstufen. Neuerdings spricht man deshalb auch von „Connecting Link". Mit dieser Aussage wird festgestellt, dass sich Prozesse bzw. Veränderungen in der Natur nicht sprunghaft und plötzlich, also diskontinuierlich vollziehen, sondern prinzipiell kontinuierlich und stetig weiter entwickeln.

Das Atom eines chemischen Elements kann, je nach Aufbau seines Atomkernes, unterschiedlich viele chemischen Bindung mit anderen Atomen eingehen. Wie viele „Andockstellen" ein Atom hat, hängt von seiner Wertigkeit ab. Die Wertigkeit eines Atoms gibt die Anzahl der Elektronen oder Elektronenlücken eines Atoms an, die für eine Bindung zur Verfügung stehen. Mit einem Molekülbaukasten lässt sich anschaulich darstellen, wie aus verschiedensten Atomen über die vorgegebenen Kontaktstellen unterschiedlichste Moleküle zusammengesetzt werden können. In der Natur entscheiden verschieden starke Wechselwirkungen wie dauerhaft die jeweilige Verbindung ist und wie sie sich räumlich figuriert. Es sind die unterschiedlichen Ladungen + und − sowie die beiden Magnetpole Süd und Nord, welche entscheiden, wie und ob sich Atome und Moleküle aneinanderlagern oder nicht. Auf diesem Grundprinzip sind wir und der gesamte Kosmos aufgebaut.

Wenn rein zufällig Molekülverbindungen entstehen, denen es gelingt, von kleineren Molekülen energiereichere Verbindungen zum eigenen Energieverbrauch durch kurzfristige Anlagerungen abzukoppeln, können sich diese Komplexe erfolgreich vermehren, indem sie sich spiegelbildlich kopieren, also Racemate bilden, anorganische Moleküle aufbauen und schließlich organische Verbindungen bis hin zu zellähnlichen Systemen entstehen lassen. Dieser Sachverhalt erklärt sich aus der Tatsache, dass Elektronen zwei entgegengesetzte Kreiselbewegungen, sog. Spins, in der Atomhülle ausbilden können. Der Stern-Gerlach-Versuch bestätigt die Richtungsquantelung der Atome im Magnetfeld in beeindruckender Weise. Die beiden Physiker Stern und Gerlach leiteten Silberatome durch ein inhomogenes Magnetfeld, dessen Kraftlinienverlauf eine unregelmäßige Richtung und Dichte aufwies. Danach bildeten die Silberatome zwei scharf getrennte Gruppierungen in Richtung Nordpol und Richtung Südpol, weil ihre Elektronen wie kleine Stabmagneten wirkten. Deshalb verwandeln sich z. B. die Atome von Natrium und Chlor durch den Austausch nur eines Elektrons in ein positives Natrium-Ion (Na^+) und ein negatives Chlor-Ion (Cl^-). Starke elektrostatische Kräfte (Ionen-Bindungen) halten sie aber zur chemischen Verbindung Kochsalz (NaCl) zusammen. Da alle Elektronen in allen Atomen von den Atomkernen aufgebaut werden, setzt das voraus, dass es spiegelbildlich aufgebaute Atomkerne geben muss, also Protonen und Antiprotonen. So etwas darf es aber nach der offiziellen Lehre nicht geben. Doch nur das Vorhandensein von Protonen und Antiprotonen vermag zu erklären, warum unter Bedingungen, die normalerweise auf unserem Planeten herrschen, der atomare Wasserstoff nicht vorkommt, sondern stattdessen nur in der dimerisierten Form H_2, also als molekularer Wasserstoff H_2 auftritt. Da sich bekanntlich gleiche Ladungen abstoßen, muss es zwei gegensätzlich aufgebaute Wasserstoffatome geben. Das Gleiche gilt für den Sauerstoff O_2 und andere Atome und Moleküle.

Unter Dimerisation versteht man die Zusammenlagerung zweier Einheiten, die als Monomere bezeichnet werden. Dabei kann es sich um Atome oder Moleküle handeln. Warum es die von den Physikern beschworene Antimaterie, die sich beim Zusammentreffen mit der Materie nihilieren soll, nicht gibt, liegt nicht nur an der Irrlehre vom Urknall und dem daraus errechneten Atommodell, sondern auch an den Berechnungen, die von Dirac erstellt wurden. Sein Fehler bestand darin, dass er elektromagnetische Felder und massive Teilchen gleichsetzte. Unter Einbeziehung der speziellen Relativitätstheorie mit ihrer Aussage, dass sich Materie und Energie äquivalent verhalten, in eine Bewegungsgleichung, glaubte er das Verhalten von Elektronen nahe der Lichtgeschwindigkeit erklären zu können. Er und viele andere waren nun davon überzeugt, dass die Entstehung und Vernichtung von Teilchen ebenso zum Quantenverhalten gehört, wie die Umwandlung von Energie in Materie und umgekehrt. In der Realität sind Materie und Antimaterie spiegelbildlich aufgebaute Atome und Molekülverbindungen, die für die Wechselwirkungen und damit für die Existenz des Universums unverzichtbar sind. Sie erscheinen uns im täglichen Leben auf Schritt und Tritt in Form von Racematen. Allerdings vernichten sie sich nicht gegenseitig sondern lösen sich nur bei Erreichen der Lichtgeschwindigkeit auf, da dann keine Kräfte mehr wirken können.

Als Racemat bezeichnet man eine chemische Verbindung, die aus zwei chemischen Strukturen besteht, die wie Bild und Spiegelbild aufgebaut sind und die im gleichen Mengenverhältnis vorliegen, also im Verhältnis 1:1. Eine weitere Voraussetzung ist, dass sich Bild und Spiegelbild nicht zur Deckung bringen lassen. Diese Moleküle gleichen bzw. unterscheiden sich wie zwei zusammengehörige Fingerhandschuhe, also Daumen und die vier Finger einer Hand, weshalb man auch von einer Chiralität (Händigkeit) spricht. Die physikalischen Eigenschaften eines racemischen Gemisches können sich in ihren physiologischen Eigenschaften erheblich unterscheiden.

So riecht D- (+) Carvon nach Kümmel, während L-(−)-Carvon nach Minze riecht. D-(−) Leucin schmeckt süß, während L-(+) Leucin bitter schmeckt. Wichtig sind die Eigenschaften in der Pharmakologie, wo zum Beispiel der (S) konfigurierte Betarezeptorenblocker 100mal stärker als die spiegelbildlich aufgebaute (R)-Substanz wirken kann. Die (R)- oder (S)-Konfiguration zeigt an, ob die Substanz rechtsdrehend oder linksdrehend ist. Ein Grund für die pharmakologisch unterschiedliche Wirkung ist, dass Enzyme und Rezeptoren selbst chiral sind und nach dem Schlüssel-Schloss-Prinzip somit ausschließlich nur mit einer ganz bestimmten chemischen Verbindung reagieren. Trotzdem werden bis heute ältere Arzneistoffe vielfach noch als Racemate eingesetzt, auch wenn mittlerweile die unterschiedliche pharmakologische Wirkung von chiralen Molekülverbindungen generell bekannt ist. Deshalb kann ein Medikament unterschiedlich wirken, je nach dem, ob es sich um ein Racemat handelt oder nicht. Durch biotechnologische Verfahren oder selektive Synthesen lassen sich sogenannte reine enantiomere Arzneistoffen herstellen. Alternativ werden enantiomerenreine Arzneistoffe durch Racematspaltung hergestellt. Es ist halt alles eine Kostenfrage, wie effektiv man heilen und wie gering man den Stoffwechsel belasten will. Aber das nur nebenbei. An dieser Stelle ist es von entscheidender Bedeutung, auf den Einfluss der Racemate in der Evolution des Lebens hinzuweisen, denn es sind die elektromagnetischen Felder, die den Aufbau und die Wechselwirkungen zwischen den einzelnen Atomen, Molekülen und der Umwelt steuern und das funktioniert nur, wenn sich positiv oder negativ bzw. links- und rechtsdrehende Felder verstärken, abschwächen oder sich gegenseitig löschen können. Die Atome und Moleküle sind nicht nur Informationsspeicher sondern auch Sender, Empfänger und Generatoren, die den ganzen Betrieb aufrecht erhalten.

Zu den Grundbausteinen aller Zellen gehören die Eiweiße, auch Proteine genannt. Es sind sogenannte Makromoleküle, die aus Aminosäuren aufgebaut und hauptsächlich aus den Elementen Kohlenstoff, Wasserstoff, Sauerstoff, Stickstoff, sowie seltener aus Schwefel zusammengesetzt sind. Sie verleihen der Zelle nicht nur Struktur, sondern sind die molekularen „Maschinen", die Stoffe transportieren, Ionen pumpen, chemische Reaktionen katalysieren und Signalstoffe erkennen oder abstrahlen.

Sind diese jeweiligen Entwicklungsstufen stabil genug, bewähren sich einzelne Entwicklungsstufen oder werden sie wenigstens nicht zerstört, so können sich auf diese Stadien komplexere Systeme aufbauen und so weiter, bis erneut ein Grenzwert erreicht ist. Diese Vorgänge führen zwangsläufig zu einer immer ausgeprägteren Kanalisierung und damit Spezialisierung. Die jeweiligen Systeme sind also das Ergebnis einer Wechselwirkung zwischen Organismus und Umwelt. Gelingt dies nicht, ist der Organismus nicht mehr hinreichend anpassungsfähig, verschwinden die Organismen, d. h., sie sterben aus.

Ein Musterbeispiel für die oben beschriebenen Vorgänge ist z. B. das Aussterben der Dinosaurier. Sie waren zu spezialisiert, um sich nach einer für sie plötzlich eingetretenen Umweltkatastrophe anzupassen. Allerdings muss nicht das ganze System bzw. der ganze Organismus zerstört werden. Durch zufällige Kopierfehler oder Anlagerungen anderer Atome bzw. Moleküle an die Erbsubstanz können entsprechende Umbauvorgänge stattfinden, die zu neuen Entwicklungen und zur Anpassung an die neue Situation führen. So gelten heute die Vögel als die Nachfahren der Saurier und der Mensch hat sich, wie archäologische Funde in Verbindung mit Genanalysen zeigen, aus einem kleinen, nur etwa rattengroßen Säugetier, das vor 65 Millionen Jahren lebte, dem nach seinem Fundort benannten Purgatorius entwickelt. Viele Forscher gehen davon aus, dass diese Art eine der frühesten Vorfahren der Primaten und damit auch von uns Menschen darstellt. Da die Gesteinsformation, in denen man die fossilen Funde gemacht hat über 65

Millionen Jahre alt ist, nimmt man an, dass Purgatorius ein Zeitzeuge der Dinosaurier gewesen ist, der das damalige Massenaussterben auf Grund seiner Lebens- und Ernährungsweise überlebte und zunächst keine nennenswerte Konkurrenz zu fürchten hatte.

Als ein wichtiges Hilfsmittel, zum Nachweis einer Aufspaltung von Arten und ihrer Weiterentwicklung im Laufe der Evolution sowie zur Bestimmung der jeweiligen Verwandtschaftsgrade hat sich die sogenannte DNA-Analyse erwiesen. Als DNA-Analyse oder Genanalyse werden molekularbiologische Verfahren bezeichnet, welche die Erbmasse, die sog. DNA (deutsche Abkürzung DNS) untersuchen, um Rückschlüsse auf verschiedene genetische Aspekte ziehen zu können. Treten plötzliche Veränderungen in der Erbsubstanz auf, sprechen die Biologen von Mutationen. Obwohl im Allgemeinen Veränderungen langsam und fließend ablaufen, können auch kleinste Veränderungen zu deutlichen, oft richtungsweisenden Weiterentwicklungen führen. Man kann das z. B. mit folgenden Wortspielen zu erklären versuchen, bei denen man nur durch Veränderung oder Austausch eines Buchstabens völlig neue Sinngebungen erhalten kann: „raus", „Haus", „Laus", „Maus" oder „rauf", „lauf", „kauf", „sauf", „tauf" u.s.w. . Ein eindrucksvolles Beispiel für einfache Veränderungen an der Desoxyribonukleinsäure (kurz DNA für „deoxyribonucleic acid)", mit weitreichenden Konsequenzen, ist ein in allen Lebewesen und in bestimmten Virustypen (sogenannte DNA-Viren) vorkommendes Biomolekül, das als Träger der Erbinformation von entscheidender Bedeutung ist. Normaler Weise ist die DNA in Form einer Doppelhelix organisiert. Das ist ein langes Kettenmolekül in Form einer Wendeltreppe, die aus vier verschiedenen, stufenartig angeordneten Bausteinen, den Nukleotiden, aufgebaut ist. Jedes Nukleotid besteht aus einem Phosphat-Rest, dem Zucker Desoxyribose und einer von vier organischen Basen (Adenin, Thymin, Guanin und Cytosin, oft abgekürzt mit A, T, G und C). Entwicklungsgeschichtlich kam es vor etwa 28 000 Jahren bei einigen Europäern zu einer kleinen dauerhaften Veränderung des Erbgutes, einer sogenannten Mutation, durch den Austausch eines einzigen Genbausteins vom archaischen Cytosin (C) zum heutigen Thymosin (T) auf dem Chromosom 2 im DNA-Code des Menschen, der im Gegensatz den Asiaten zu einer Lactoseverträglichkeit der Kuhmilch führte. Solange die Menschen keine Milchwirtschaft betrieben, hatte diese Genveränderung keine erkennbare Bedeutung, sie wurde einfach „mitgeschleppt". Mit der Tierhaltung bekam diese Veränderung der Erbsubstanz eine große Bedeutung im Überlebenskampf während Not- und Hungerzeiten, da die Milch und ihre Produkte wichtige Energiespender sind und mit ihrer Hilfe die Überlebenschancen deutlich verbessert wurden. Die Menschen mit der Laktoseverträglichkeit vermehrten sich in der Folge stärker und so führte diese minimale Veränderung an einem Gen zu unserer heutigen Population und ihrer Ernährung: Z. B. Butter, Käse, Milchschokolade, Joghurt, u.a. . Die nunmehr geringere Anzahl an Personen, die, aus welchen Gründen auch immer, noch den archaischen Gen-Code in sich tragen, leiden dagegen bei unseren Ernährungsgewohnheiten an einer Laktose-Intoleranz mit all ihren Problemen, da Milch in vielen Lebensmitteln verarbeitet wird.

Ein anderes Beispiel auf höherem Niveau stellen Silbenrätsel dar, in denen willkürlich verteilte Silben, die alleine selten einen Sinn ergeben, in Kombination mit anderen Silben sinnvolle Worte und Texte bilden, vergleichbar der DNA, unserer Erbsubstanz.

So sind die heutigen Vögel Nachkommen der ausgestorbene Dinosaurier. Die Existenz solcher Übergangsformen oder Bindeglieder hat weitreichende Konsequenzen. Sie zeigen direkt, wie neue Tierarten entstehen. Dadurch sind sie ein ganz wichtiger Baustein der Darwin'schen Evolutionstheorie, der zufolge sich neue Arten durch die schrittweise Veränderung von Merkmalen bestehender Arten über ganz viele Generationen hinweg bilden.

Den Menschen, also uns, würde es nicht geben, wäre nicht vor etwa 66 Millionen Jahren unser Planet zufällig durch einen gewaltigen Asteroideneinschlag auf Yucatán gerade zu einem Zeitpunkt verwüstet worden, als die Evolution der Tiere eine Entwicklungsstufe erreicht hatte, die als Reaktion auf die völlig neuen Umweltbedingungen die Entwicklung zu den heutigen Lebewesen erst ermöglichte. Da alle großen Tierarten, die den Erdball beherrschten und deshalb alle anderen Arten nicht hochkommen ließen, schlagartig aussterben, erhielten die Kleintiere durch eine Vielzahl von unterschiedlichsten Biotopen und zunächst auch ohne Raubtiere ideale Entwicklungsmöglichkeiten. Dabei waren die kleinen Säugetiere den wechselwarmen Tieren gegenüber im Vorteil und so übernahmen schließlich die Säugetierarten die „Weltherrschaft", die sie bis heute gehalten haben. Aus einer der vielen Arten entwickelte sich also zufällig auf Grund zufälliger Umweltbedingungen und den gerade herrschenden biologischen Voraussetzungen allmählich der Mensch. Dabei stellten die Klimaveränderungen der letzten 25 Millionen Jahren eine zusätzliche entscheidende Rahmenbedingung für die Entwicklung des Menschen dar. Die Temperaturveränderungen vor etwa 30 Millionen Jahren führten zunächst vor etwa 23 Millionen Jahren zu einer Aufspaltung der zwischenzeitlich entstandenen Altweltaffen in die menschenartigen Affen und die Meerkatzenverwandten, wie aus DNA-Analysen errechnet wurde, da sich ihr Biotop als Folge einer geringgradigen Veränderung der Erdachsenneigung zur Sonne hin verändert hatte. Vor 16 – 14 Millionen Jahren kam es zu einem weiteren Klimawandel in Ostafrika, auf Grund tektonischer Vorgänge in der äußeren Erdhülle. Es wurde nicht nur trockener. Auch im Jahresverlauf kam es zu stärkeren Temperaturunterschieden und so wurden aus tropischen Regenwäldern teilweise Savannen. Savannen sind Ökosysteme mit zerstreutem, tropischem Grasland und verstreuten Baumwachstum, das sich beiderseits des Äquators an Regenwälder anschließt.

In den Savannen findet in der Regel jährlich ein zweimaliger Wechsel von Regen- und Trockenzeiten statt. Um zu überleben, mussten die menschenartigen Affen ihre Lebensweise ändern und fingen an, aufrecht zu gehen. Das Gehen auf zwei Beinen hatte offensichtlich viele Vorteile und so entwickelten sich vor etwa 5 Millionen Jahren allmählich unsere Vorfahren

Die klassische Paläoanthropologie kann aus den Veränderungen von Skelettfunden und der Zähne von Primaten Rückschlüsse auf die anatomische Entwicklung des heutigen Menschen schließen. Sie hat jedoch Probleme mit dem Gehirn der untersuchten Funde jener Primaten. Zwar lassen sich die Größe der einzelnen Gehirne, d.h. ihr Volumen bestimmen, aber da die Gehirne im Gegensatz zu den Skelettfunden nicht verknöcherten, gibt es keine weiteren Hinweise über die Struktur und Vernetzungen der Milliarden von Nervenzellen, die dereinst das Leben und Verhalten dieser Lebewesen bestimmten. Wenn man also den Grenzbereich zwischen noch Tier und schon Mensch bestimmen will, muss man sich die Lebensweise der heutigen Naturvölker ansehen und was ihnen trotz aller unterschiedlicher Rahmenbedingungen gemeinsam ist, denn sie haben den Ausleseprozess zum modernen Menschen überlebt. Dabei stellt man fest, dass vier Merkmale allen Menschen gemeinsam sind. 1. freiwilliges Teilen, 2. tauschen von Nahrungsmitteln gegen Werkzeuge, 3. das Beherrschen des Feuers und 4. eine Sprache, wie primitiv sie auch sein mag. Da diese heutigen menschlichen Lebensgemeinschaften mit vier elementaren Eigenschaften alle Widrigkeiten und Katastrophen überlebten und sich nicht nur weltweit verbreiten, sondern auch die Weltherrschaft übernehmen konnten, wird man künftig bei fossilen Funden nicht nur auf Grabbeigaben, als Hinweis, dass man sich von „Eigentum" trennen kann, Objekte aus fernen Regionen, die man als „Warentausch" ansehen kann und nach Feuerstellen an Lagerplätzen mit angebrannten Tierknochen, als Zeichen, dass man mit Feuer umgehen konnte, suchen müssen.

Wie die Funde der Paläoanthropologen zeigen, lebten verschiedene Hominiden oder sollte man vormenschliche Arten sagen, vor etwa drei bis zwei Millionen Jahren in Afrika, die sich in ihrer Entwicklung und Ernährung teilweise voneinander unterschieden, aber auch Gemeinsamkeiten wie die Herstellung von primitiven Werkzeugen oder Andeutungen von Bestattungsversuchen erkennen lassen. Ganz offensichtlich spielten hier auch die verschiedenen Versuche, sich den unterschiedlichen ökologischen Nischen anzupassen eine Rolle, so dass sich im Laufe der Evolution die einzelnen Spezies auseinander entwickelten. Das kann man eindrucksvoll an der Anatomie der einzelnen Arten sehen. Aus Flossen entstanden Arme und Beine, der Verdauungsapparat passte sich der Vegetation an und bei einer Hominidengruppe entwickelte sich das Gehirn auffallend stark und schnell. Auf diese Weise entwickelte sich eine Art, aus der wir Menschen hervorgegangen sind. Dieser Evolutionsschritt führte dazu, dass sich diese Art dermaßen verbreiten konnte.

Die fossilen Funde dieser Hominiden zeichnen sich gegenüber den anderen „Verwandten" dadurch aus, dass bei ihnen innerhalb der letzten Million Jahre das Wachstums des Gehirnes weiterhin zu nahm. Dadurch konnten sich diese Primaten offensichtlich besonders gut an die jeweiligen, oft schnellen Umweltveränderungen anpassen und so auch geistige Fähigkeiten entwickeln, die kulturelle Leistungen ermöglichten, wie Tierknochen als Flöte, Schmuck und Einritzungen in Steinen bis hin zu primitiven Zeichnungen zeigen. In dem Zeitraum, in dem die ersten Primaten diese Vorgaben erfüllten, muss folglich der Übergang vom Tier zum Menschen stattgefunden haben. Diese Hominiden hatten also schon damals im Gegensatz zu vielen unserer heutigen Wissenschaftler und Politikern erkannt, zu was ein Gehirn genutzt werden kann und welche Vorteile dies auch langfristig bringt.

Vor allem die Inder betrachteten seit jeher die Natur als „beseelt". So lautet eine Spruchweisheit aus der indischen Mythologie „Gott schläft im Stein, atmet in der Pflanze, träumt im Tier und erwacht im Menschen."

Da bei den menschenartigen Affen infolge ihres aufrechten Ganges und der fortschreitenden Vergrößerung ihrer Gehirne die geistigen Fähigkeiten stetig zunahmen, wurden sie bei der Nahrungssuche einfallsreicher und kreativer. Außerdem fingen sie auf Grund verbesserter Lebensbedingungen allmählich an, eine Sprache zu entwickeln, wodurch sie sich im Laufe der Zeit über die alltäglichen Dinge hinaus immer besser verstehen konnten. Sie begannen die Jahreszeiten mit dem damit verbundenen Reifen der unterschiedlichen Fruchtarten und dem Auftauchen und Verschwinden der ihrem Nahrungsangebot folgenden und darum in steter Wanderschaft befindlichen Tierherden nicht nur wahr zu nehmen, sondern ganz bewusst zu registrieren und miteinander in Verbindung zu bringen. So erkannten sie wichtige Zusammenhänge, aus denen sie unter anderem für sich günstigere Nahrungs- und Lebensbedingungen herleiten konnten.

Die Frage, zu welchem Zeitpunkt unsere Altvorderen nach und nach zu dem wurden, was man heute als „Menschen" bezeichnet, lässt sich noch nicht beantworten. Fest steht allerdings, dass sich der heutige Mensch aus Einzellern über viele Entwicklungsstufen bis hin zu den Primaten entwickelt hat, aus denen wir schließlich hervorgegangen sind. Seine hervorgehobene Entwicklungsstufe gegenüber den anderen Primaten fasste René Descartes (1641) in der Erkenntnis zusammen: *„Cogito, ergo sum!"*

Nach der biologischen Systematik ist der Mensch ein höheres Säugetier aus der Ordnung der Primaten. Er gehört zur Unterordnung der Trockennasenaffen und dort zur Familie der Menschenaffen, den Hominidae. Er ist die einzige überlebende Art der Gattung Homo. Fossile Funde lassen auf ein Alter von 200 000 Jahren schließen. Wann die Gattung Homo aber zu dem wurde, was man heute als Mensch bezeichnet, ist an den fossilen Funden nicht zu erkennen. Nach der heutigen Auffassung besteht der Mensch aus einem materiellen Körper, einer Seele und seinem Geist. Allerdings steht die Menschheit vor einem grundlegenden kulturellen Wandel als Folge der neuen Erkenntnisse in der Biologie, speziell der Genetik, und der Informatik. Hier hat der Mensch die Funktion eines Schöpfers übernommen. Schon schleusen Genforscher erfolgreich das Erbgut von Menschen in die Gehirne von Mäusen, um eine genetische Entwicklung des menschlichen Gehirnes an den Gehirnen der Mäuse nachvollziehen zu können. Da die Erfahrung lehrt, dass die Menschen alles machen, was möglich ist, bleibt es nur eine Frage der Zeit, bis man interessierende Genkombinationen in menschliche Gehirne einschleust. Auf ethische Bedenken wird dann keine Rücksicht genommen werden, wie bereits die Erfahrungen im Zusammenhang mit der künstlichen Befruchtung an menschlichen Embryonen zeigen.

Schon gibt es Chips die in menschliche Gehirne implantiert, mit diesen Gehirnen kommunizieren können und es ist nur noch eine Frage der Zeit, wann die Gehirne der Chipträger ihre Individualität und Persönlichkeit dadurch verlieren und von Dritten über Funk ferngesteuert werden können. Wenn eines Tages Chips im Gehirn unser Denken und Handeln beeinflussen, wird es kaum noch möglich sein, zu unterscheiden, was ist Individuum und was Technik, was ist Selbstbestimmung und was Fremdbestimmung. Klar ist: Sollten sich Computer-Hirn-Schnittstellen tatsächlich durchsetzen, dann wird das unser Menschenbild massiv verändern.

So besteht die große Gefahr, dass irgendwann irgendwo erste den Insektenstaaten vergleichbare Massengesellschaften entstehen, in denen die Individualität der Einzelnen verloren geht, die Menschen wie Roboter funktionieren und somit von wenigen Personen entsprechend eingesetzt und missbraucht werden können. Kurz: In nicht allzu ferner Zukunft wird es, welch eine Horrorvision, technisch möglich sein, den „homo sapiens" zu einem mehr oder weniger willfährigen Automaten zu degradieren, zu modernen Zombies!

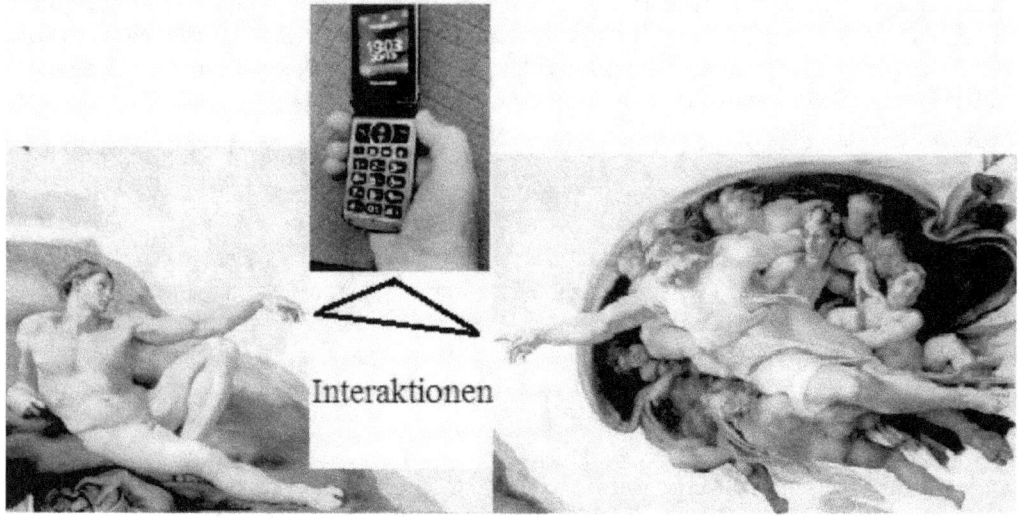

Die Erschaffung Adams von Michelangelo

Der Soziologe Dierk Spreen spricht in seinem jüngst erschienenen Buch über den „Körper in der Enhancement-Gesellschaft" bereits von einer „Upgradekultur", in der „verdrahtete und vernetzte Körper" um individuelle Optimierung ringen. Er findet, angesichts der jetzt schon starken Durchdringung des Körpers mit Technologien wirke es fast schon mittelalterlich, wenn jemand versuche, klar zwischen menschlichen und nichtmenschlichen Wesen zu unterscheiden. Auch Stefan Greiner ist fasziniert von der Schnittstelle zwischen Mensch und Maschine. Schon gibt es sogenannte „Cyborgs-Vereine", die an der Verschmelzung von Körper und Maschine arbeiten. Unter Cyborg versteht man ein Mischwesen aus lebendigem Organinsmus und Maschine. Es handelt sich also um Menschen, deren Körper dauerhaft durch künstliche digitale Bausteine ergänzt werden. Der Name leitet sich vom englischen *cybernetic organism*, (dt.: „kybernetischer Organismus") ab. Da Cyborgs technisch veränderte biologische Lebensformen sind, werden sie weder zu den Robotern noch zu den Androiden.

Seit Darwins Evolutionstheorie wurde und wird gestritten, ob der Mensch eine Seele besitzt und was man unter „Geist" zu verstehen hat. Im Altertum hatte man offensichtlich ganz klare Vorstellungen, die nach meiner Ansicht sehr interessant und hoch aktuell sind. Im Buch Genesis, Kapitel 2,7 steht: *„ Da bildete Gott, der Herr, den Menschen aus Staub vom Erdboden ……. "* Der leblose menschliche Körper wurde also aus Erde geformt. Aber wie wurde dieser Körper zum Leben erweckt? Auch das weiß die Bibel zu berichten. Genesis 2,7 *„……. Gott hauchte in die Nase des Menschen den Atem des Lebens; so erhielt der Mensch eine lebende Seele "* (Seele = hebr. Nephesh wird allerdings fälschlich auch als Geist übersetzt.

Was ist nun die Seele? Das Wort Gottes sagt uns hier, dass es die Seele ist, die dem Körper Leben gibt. Ohne die Seele ist der Körper tot. Folglich ist die Seele nach Auffassung der Bibel ein anderes Wort für Leben bzw. lebendig.

Tatsächlich ist die Seele nicht etwas, was nur Menschen haben. Auch Tiere haben Seelen, die von der Bibel im Blut vermutet wird, weshalb die Juden ein Tier ausbluten lassen, bevor sie es zum Essen frei geben. Auch bei 3. Mose wird sofort verständlich, dass das Leben allen Fleisches im Blut ist. So steht in Genesis

1,20-21 *„Und Gott sprach: Das Wasser soll wimmeln von einer Fülle lebender Wesen (nephesh, Seele), und es sollen Vögel dahinfliegen über die Erde an der Himmelsausdehnung! Und Gott schuf die großen Meerestiere und alle lebenden Wesen (nephesh, Seele), die sich regen, von denen das Wasser wimmelt, nach ihrer Art, dazu allerlei Vögel mit Flügeln nach ihrer Art. Und Gott sah, dass es gut war."*

Bleibt die Frage: Was ist der Geist des Menschen? Gott ist Geist und um mit ihm kommunizieren zu können, braucht man geistige Fähigkeiten. Körper und Seele sind ausreichend für die fünf Sinne. Aber wenn es um die Dinge Gottes geht, braucht man den Geist. In Genesis 1,26-27 heißt es: *„Und Gott sprach: Lasst uns Menschen machen nach unserem Bild, uns ähnlich ...... .Und Gott schuf den Menschen in seinem Bild, im Bild Gottes schuf er ihn; als Mann und Frau schuf er sie."* Dabei ist zu berücksichtigen, dass Gott nicht materiell ist, sondern Geist, also eine andere Daseinsform. Gott schuf also den Menschen „in seinem Bild". Dies ist ein sehr kritischer Punkt, ein Schlüsselpunkt, wenn wir nicht nur verstehen wollen, was an dem Tag geschah, als Adam und Eva von dem Baum der Erkenntnis des Guten und des Bösen aßen, sondern auch die anderen Textstellen der Bibel verstehen wollen, was hier gesagt wird. Johannes 4,24 gibt uns Auskunft darüber: *„Gott ist Geist"*. Dieser Sachverhalt wird auch in 1. Korinther 2,14 erklärt: *„Denn wer von den Menschen weiß, was im Menschen ist, als nur der Geist des Menschen, der in ihm ist? So hat auch niemand erkannt, was in Gott ist, als nur der Geist Gottes."* Ende des Zitates.

„Gott ist nicht Fleisch, sondern Geist. Das ist sein Bild. Denn eine Gestalt habt ihr an dem Tag, als der Herr am Horeb mitten aus dem Feuer zu euch sprach, nicht gesehen." 5. Buch Moses, Kapitel 4.

Wenn uns also das Wort Gottes sagt, dass Gott den Menschen in seinem Bilde erschuf, bedeutet dies, dass er zusätzlich zu Körper und Seele, dem Menschen entsprechend dem Bilde Gottes etwas Immaterielles, also den Geist gab.

Alles zusammengefasst, hatte Adam einen Körper, der aus dem Staub des Erdboden erschaffen wurde, eine Seele, die dem Körper Leben gab und er bekam einen Geist, um mit Gott zu kommunizieren. Der Mensch besteht somit nach Sicht der Bibel aus Körper, Seele und Geist. Das Wort „Geist" bezieht sich folglich nur auf den nicht-körperlichen Teil des Menschen. Menschen haben einen Geist, aber wir sind nicht Geist.

Der Geist gibt dem Menschen die Fähigkeit zu denken, also zu überlegen, zu planen und Entscheidungen zu treffen. Alle Kulturen basieren und basierten auf diesen fundamentalen Fähigkeiten.

Die Konsequenz aus dieser Definition ist, dass die geistigen Fähigkeiten und Taten der einzelnen Individuen nach ihrem körperlichen Tod noch so lange „vorhanden sein werden" bzw. den körperlichen Tod des einzelnen Menschen überleben, so lange sich Lebewesen der kulturellen Leistungen und Taten des jeweiligen Individuums erinnern, sie erkennen und bewerten können. Wir leben also in unseren Taten und Aufzeichnungen weiter. Bei der heutigen Qualität der Ausbildung an den Schulen kann das also nicht mehr allzu lange dauern.

Man muss erstaunt zur Kenntnis nehmen, was man im Altertum schon alles erkannt hat und was den modernen Menschen trotz dieses Sachverhaltes noch immer beschäftigt. Hoffentlich ist das nicht der Anfang vom Ende des individuellen Geistes des einzelnen Mensch. Unabhängig von den unterschiedlichsten Darstellungen der unterschiedlichsten Kulturen bei unterschiedlichstem Wissensstand zu unterschiedlichsten Zeiten bleibt festzuhalten, dass der Bibeltext durch den aktuellen Wissensstand bestätigt wird. Der Übergang vom Primaten zum Menschen fand in der Entwicklungsphase statt, in der die Menschen die Umwelt bewusst wahrnehmen und zu verstehen und zu erklären versuchten. Das Ende der Menschheit beginnt zurzeit, denn wir fangen gerade an, den Menschen nach unseren Vorstellungen zu formen, den Homo artificiosus. Ab jetzt bleibt dann nichts mehr dem Zufall überlassen.

Eine eindrucksvolle Demonstration, wie die Evolution zu den Lebewesen geführt hat, die wir heute kennen, stellt die Embryologie dar. Verfolgt man die Entwicklung eines Lebewesens von der befruchteten Eizelle bis zu seiner Geburt, so durchläuft der Embryo die einzelnen Entwicklungsstufen seiner biologischen Evolution. Z. B. ist die Wirbelsäule des menschlichen Embryo wie bei den Lanzettfischchen angelegt. Die letzten gemeinsamen Vorfahren von Lanzettfischchen und Wirbeltieren lebten immerhin vor ungefähr 550 Millionen Jahren.

Der deutsch-baltischer Naturforscher, Zoologe und Embryologe Baer erkannte bereits 1828 bei Wirbeltieren eine Embryonenähnlichkeit. Es fiel ihm umso schwerer die Embryonen verschiedener Arten zu unterscheiden, je jünger sie angetroffen wurden. So schrieb Baer damals über Wirbeltier-Embryos: *„Ich kann absolut nicht sagen, zu welcher Klasse sie gehören. Es können Eidechsen, kleine Vögel oder sehr junge Säugetiere sein, so vollständig ist die Gleichheit in der Form des Aufbaus von Kopf und Rumpf bei diesen Tieren."* Baer glaubte in dieser Beobachtung eine Gesetzmäßigkeit zu erkennen. Schon 1837 griff der schottische Mediziner Martin Barry die Beobachtungen von Baer auf und schlug vor, die Tierwelt nach Merkmalen aus der Embryonalentwicklung zu ordnen. Die starke Ähnlichkeit der embryonalen Frühstadien deute darauf hin, dass jedes Tier den gleichen Anfang nahm und erst im Verlauf der Entwicklung die ordnungs-, familien- und arttypischen Besonderheiten ausprägt. Man sprach deshalb von korrespondierenden Entwicklunsstufen.

Heute benutzt man im deutschen Sprachraum den Begriff biogenetische Grundregel. Darunter wird ein Zusammenhang zwischen der Entwicklung des einzelnen Lebewesens, seiner Ontogenese und seiner Stammesentwicklung, der Phylogenese, verstanden. Knapp und bündig: „Die Ontogenese rekapituliert die Phylogenese."

Ein grundsätzlicher Zusammenhang zwischen Ontogenese und Phylogenese kann auch nicht bestritten werden, da die DNA sowohl als der Bauplan des einzelnen Lebewesens wie als das informationstheoretisches Protokoll der Stammesgeschichte anzusehen ist. In diesem Zusammenhang ist es interessant, dass man in den 70er Jahren des vorigen Jahrhunderts die sogenannten Hox-Gene gefunden hat. Bei den Hox-Genen handelt es sich um Gene, die sich verdoppelt haben, weil sich ihre Helix nicht, wie bei Zellteilungen üblich, halbiert, sondern nicht geteilt hat, was zu einer Verdoppelung führte. Derartige Genduplikationen gelten als Ursprung vieler wichtiger evolutionärer Entwicklungsschritte, da ein Gen in mehrfacher Ausfertigung im selben Organismus mit seinen Kopien vielfache Entwicklungsschritte entfalten kann, ohne seine ursprüngliche Funktion zu verlieren. In der Pflanzenzucht wie in der Tierzucht hat man bereits 6 bis 8fache Genverdoppelungen künstlich herbeigeführt, um bestimmte Zuchtziele zu beschleunigen oder zu verbessern. Auch bei Primaten hat man Verdopplungen von Genen festgestellt, die beim Menschen sogar in 6facher Ausführung nachgewiesen werden konnten. Bei den Hox-Genen handelt es sich um sehr alte und komplexe Gene, die sehr allgemeine aber grundlegende Körperstrukturen festlegen. Sie zeigen sich in gleicher Form bei Tieren unterschiedlichster Gattungen. Diese Gene greifen offensichtlich vor etwa 550 Millionen Jahren in die stammesgeschichtliche Entwicklung der Lebewesen in der Form ein, dass sie richtungsweisende Rahmenbedingungen schaffen. Dadurch wurde eine „explosionsartige" Vielfalt der Lebewesen ermöglicht, da die primitiven Organismen etwa 3 Milliarden Jahre ohne nennenswerte Veränderungen vor sich „hingedümpelt" waren. Die Hox-Gene bewirken unter anderem, relativ schnelle und neue Entwicklungsmöglichkeiten und schalten ganze Kaskaden anderer funktionell zusammenhängender Gene z. B. solche Gene die zur Ausbildung von Extremitäten oder Organen verantwortlich sind an- und aus. Diese Tatsachen haben entscheidende entwicklungsmechanische Zwänge auf Richtung und Geschwindigkeit von Evolutionsvorgängen zur Folge. Vor allem wird erkennbar, dass eine genetische Basis für grundlegende Körperbaupläne, und damit Möglichkeiten für ihre evolutionäre Veränderung, existiert.

Der Berliner Evolutionsbiologe Carl Niemitz bemerkt: *„Es ist beeindruckend zu erleben, wie jene unvorstellbar alten Gene ihre Information in lebende Gestalt umsetzen, als wären wir Menschen so etwas wie Lanzettfischchen, die noch gar keinen Kopf besitzen, oder sogar noch einfachere winzige Meerestiere."*

Allein diese skizzenartigen Ausführungen zeigen, wie vielschichtig sich Entwicklungsstufen aufbauen und wie viele unvorhersehbare Einflüsse und Zufälle, selbst aus dem Sonnensystem, bestimmen, in welche Richtung Entwicklungen von einer gewissen Entwicklungsstufe an weiter verlaufen. *„Alle Dinge sind im* *ewigen Fluss, im Werden, ihr Beharren ist nur Schein."* Das lehrte bereits der griechischer Philosoph Heraklit von Ephesus (etwa 540 - 480 v. Chr.)

Lungenfische zählen z. B. nicht nur wegen ihrer Atmung zu unseren Vorfahren, sondern auch aufgrund ihres Flossenansatzes. Dieser Flossenansatz wurde bei den Säugetieren zum „Oberarmknochen". In diesem Zusammenhang ist die Verwandtschaft mit lebenden und auch bereits ausgestorbenen Tierarten anhand ihrer Gliedmaßen hoch interessant. Die Grundaufteilung von einem Knochen (Oberarm, Oberschenkel), dann von zwei Knochen (Elle und Speiche, Schienbein und Wadenbein), dann von kleinen Knöchelchen und schließlich von Fingern oder Zehen findet sich auch bei Vögeln, Fledermäusen, Dinosauriern, Robben, Eidechsen, Pinguinen, Delphinen bis hin zu Walen. Für nur wenige taxonomische Tiergruppen konnte die Evolutionsgeschichte so gut dokumentiert werden wie im Fall der Pferde. Lange vor den heutigen Pferden nahm die Entwicklung der Evolution der Pferde ihren Lauf. Die Entwicklung der Hufe der Pferde beruht auf der Tatsache, dass sich das Klima in den Verbreitungsgebieten drastisch änderte. Die Wälder wandelten sich in die ersten Steppen- und Buschlandschaften um, zudem wurde es deutlich trockener. Die Vorfahren der Pferde konnten sich folglich nicht mehr so leicht verstecken und wurden so gezwungen, möglichst schnell vor Beutejägern zu flüchten. Langsam entwickelte sich deshalb bei ihnen über Jahrmillionen die Fingerkuppe des Mittelfingers zum Huf. Der zweite und vierte Finger verkümmerte zu den sogenannten Griffelbeinen.

Die ersten Fische, die aus dem Wasser an Land gingen, wurden zu Amphibien, Reptilien und lernten schließlich auf vier Beinen zu gehen, bis sich die Warmblüter und Säugetiere entwickelten, von denen einige wieder dauerhaft in das Wasser zurückkehrten, ihre vier Beine zu Flossen rückbildeten und von nun an als Wale und Delphine dauerhaft wieder im Meer leben. Trotzdem sind sie Lungenatmer geblieben. Eine Übergangsstufe zwischen diesen beiden Entwicklungsstufen stellen z. B. die Seehunde dar. Auf Grund dieser Tatsachen, können Archäologen oft weitreichende Rückschlüsse ziehen, wenn sie entsprechende Versteinerungen freilegen. Steigt z. B. jemand auf einen Berg und findet versteinerte Muscheln und Fische im Boden, kann er sicher sein, dass dieser Berg vor langer Zeit einen flachen Meeresboden gebildet hat und durch die sog. tektonischen Kräfte beim Zusammenstoß zweier oder mehrerer Erdplatten empor gedrückt wurde. Man spricht in diesem Zusammenhang von Plattentektonik und versteht darunter die Gliederung der äußeren Erdhülle, umgangssprachlich auch Kontinentalplatten genannt, die dem tieferen Erdmantel aufliegen und darauf „umherwandern" (Kontinentaldrift).

Zu welchen Höchstleistungen diese Mechanismen in der Lage sind, kann man an dem Verdauungstrakt der jeweiligen Organismen erkennen. Obwohl das einzelne Lebewesen eine Unmenge unterschiedlichster Moleküle mit der Nahrung aufnimmt, von denen es nur einen gewissen Prozentsatz verdauen, also für sich verwerten kann und den Rest wieder ausscheidet, „erkennen" die Moleküle, die den Verdauungstrakt bilden als Folge der Ankopplungsmöglichkeiten, welche Moleküle verwertbar sind, um sie dann im Organismus an die jeweiligen Orte „weiter zu leiten", an denen sie benötigt werden. Hieran sieht man, wie einfachste Wechselwirkungen im Laufe der Evolution derart hohe Spezialisierungen ermöglichen, wie sie heute vorgefunden werden. „Irrt sich das System", weil es ähnliche, aber für das System schädliche Molekülverbindungen nicht erkennt bzw. alternativ anders anlagert als in den bisherigen Situationen, kommt es zu den bekannten Lebensmittelvergiftungen, mit den unterschiedlichsten Folgen, bis hin zum Tod, was eine Vererbung und damit Weiterverbreitung dieser Fehlleistung künftig ausschließt.

Als Leben bzw. Lebewesen im Gegensatz zur sogenannten „toten Materie" bezeichnet man die Fähigkeit eines abgeschlossenen Systems, sich selbst zu erhalten und zu reproduzieren. Dazu zählen Energieaustausch und Stoffwechsel, Wachstum, Fortpflanzung, Reaktion auf Veränderungen der Umwelt sowie Möglichkeiten, sich über Kommunikationsprozesse zu koordinieren. Einige dieser Merkmale findet man z. B. auch bei Viren, die aber zurzeit nicht als Lebewesen verstanden werden, sondern zu einer Art Zwischenstufe zwischen „toter und lebender Materie" zählen und somit geschlossene physikalische und chemische Systeme darstellen. So können sich Viren nur innerhalb einer geeigneten Wirtszelle, also intrazellulär unter Ankopplung und Ausnutzung des Stoffwechsels dieser Wirtszelle vermehren. Deshalb ist es wichtig darauf hinzuweisen, dass Viren nicht aus einer Zelle bestehen. Obwohl alle Viren das Programm zu ihrer Vermehrung und Ausbreitung enthalten, besitzen sie weder eine eigenständige Replikation noch einen eigenen Stoffwechsel und sind deshalb auf den Stoffwechsel einer Wirtszelle angewiesen. Erst durch das mechanische Ankoppeln an eine lebende Zelle, wird das Virus sozusagen zum „Leben" erweckt, da es, aktiv zu seinen Gunsten in den Stoffwechsel der befallenen Zelle eingreifend, und sich nunmehr zu vermehren vermag.

Die ersten uns bekannten Systeme, die dazu in der Lage waren, die weiter oben geforderten Bedingungen zu erfüllen, sind die sogenannten Einzeller. Man muss sich schon wundern, dass Archäologen noch Abdrücke von Einzellern ausgraben konnten, die vor angeblich 3,8 Milliarden Jahre gelebt haben sollen. Eine weitere Rückdatierung ist allerdings unmöglich, da kleinere Objekte bzw. Molekülkomplexe keine Abdrücke hinterlassen. Um sich eine Vorstellung machen zu können, wie das, was wir als Leben definieren, entstand, muss man wieder auf das Selbstähnlichkeitsprinzip zurückgreifen und die bekannten Modelle chemisch und physikalisch bedingter Reaktionen zu einer Erklärung heranziehen. Die Einzeller sind vermutlich das Ergebnis von einem Zusammenschluss noch viel einfacherer, kontrolliert energieverbrauchender Molekülkomplexe. Da auch Bakterien, wenn man sie mechanisch zerstört, sich im Reagenzglas durch Selbstorganisation wieder zu intakten und funktionsfähigen Bakterien zusammensetzen können, sind diese Überlegungen sicher richtig. Noch spektakulärer sind die Placozoa. Dabei handelt es sich um die strukturell einfachsten vielzelligen Tiere (Metazoa). Auch Placozoa können sich aus kleinsten Zellbeständen regenerieren. Selbst wenn in entsprechenden Versuchen die einzelnen Zellen mechanisch voneinander getrennt oder große Teile des Organismus entfernt werden, entwickeln sich aus dem Rest wieder vollständige Tiere. So kann man diese einfachsten Tiere durch ein Passiersieb streichen, ohne die einzelnen Zellen zu zerstören und so voneinander trennen. Im Reagenzglas finden sie sich dann wieder durch Selbstorganisation zu kompletten Organismen zusammen. Wenn man dieses Verfahren mit mehreren vorher unterschiedlich angefärbten Tieren gleichzeitig durchführt, kann es auch vorkommen, dass Zellen, die vorher zu einem bestimmten Tier gehörten, plötzlich als Teil eines anderen wieder auftauchen. Auf diese Weise können neue Eigenschaften weitergegeben bzw. erworben werden. Ein Vorgang, der auch aus der Resistenzbildung von Bakterien bekannt ist und weitreichende Konsequenzen in der gesamten Evolutionsgeschichte hat.

Nach der Sesshaftwerdung des Menschen nutzten unsere Vorfahren aufgrund von Beobachtung und durch Erfahrung sowohl bei Pflanzen als auch bei Tieren, lange, bevor überhaupt jemand Darwin wegen seiner Evolutionstheorie angriff, den weiter oben beschriebenen Sachverhalt und wählten gezielt Individuen aus, bei denen erwünschte Merkmale stärker ausgeprägt waren als bei den anderen Pflanzen oder Tieren. Diese vorteilhaften Individuen wurden zur gezielten Fortpflanzung bzw. Vermehrung gebracht und so entstanden über diese sogenannte Auslesezüchtung unsere heutigen domestizierten Pflanzen und Tiere mit unterschiedlicher Leistung und Aussehen.

Heute wird die Pflanzen- und Tierzucht durch die kontrollierte Fortpflanzung mit dem Ziel der genetischen Umformung planmäßig überwacht. Dabei sollen gewünschte Eigenschaften verstärkt und unerwünschte Eigenschaften unterdrückt werden. Um den Erfolg zu optimieren, wird durch Züchter zum Beispiel nach einer Leistungsprüfung eine Zuchtwertschätzung durchgeführt, um dann gezielt Individuen mit gewünschten Eigenschaften auszuwählen und miteinander zu kreuzen oder zu verpaaren. Man spricht dann von einer künstlichen Selektion. Die herkömmlichen Zuchtverfahren der Kreuzung und Paarung sind in ihren Möglichkeiten der Genkombination allerdings begrenzt und zeitaufwendig. Um schneller zu einem gewünschten Erfolg zu kommen oder artspezifische Begrenzung zu überwinden, bedient man sich heute der Gentechnik, deren Verfahren und Zielrichtungen kontrovers diskutiert werden.

So dienen heute menschliche Gene in dem einzelligen Darmbewohner Escherichia coli zur gentechnischen Herstellung von Insulin in entsprechend großen Tanks, die mit den notwendigen Nährstoffen versorgt werden. Bis zu diesem Zeitpunkt wurde das Insulin aus den Bauchspeicheldrüsen geschlachteter Schweine und Rinder gewonnen. Abgesehen davon, dass dieses blutige Geschäft ein Ende fand, brauchte man nun auch keine Angst mehr vor Engpässen und eventuellen Infektionsübertragungen zu haben. Nachdenklich stimmt allerdings die Tatsache, dass menschliche Erbanlagen funktionsfähig auf derart primitive Organismen erfolgreich übertragen werden können. Gleichzeitig ist dies aber auch ein Beweis dafür, wie eng wir eigentlich selbst mit derart primitiven Organismen verwandt sind, denn sonst wäre eine derartige Genmanipulation unmöglich.

Welcher Missbrauch aber auch auf diesem Gebiet betrieben werden kann, zeigt das Problem der sogenannten Qualzüchtungen. Man versteht darunter die Züchtung von Tieren durch die Duldung oder Förderung von Merkmalen, die mit Schmerzen, Leiden, Schäden, Missbildungen oder Verhaltensstörungen für die Tiere verbunden sind. In der Natur könnten Organismen mit entsprechenden Handicaps und Verunstaltungen nicht überleben. Diese unverantwortliche Vorgehensweise zeigt aber gleichzeitig, wie plastisch, also veränderlich, Erbanlagen sind und welchen entscheidenden Einfluss die Umweltbedingungen haben.

Bei der Entstehung der Erde bildet sich eine Atmosphäre, deren Gasbestandteile durch Ausgasungen vom Inneren der Erde her, vor allem durch Vulkanismus, freigesetzt wurde. Die Erdatmosphäre bestand in jener Zeit hauptsächlich aus Kohlendioxid, Stickstoff, Methan, Ammoniak, Schwefelwasserstoff und Wasserdampf, der an Schwebestoffen in der Luft kondensierte und danach abregnete. Es herrschten also absolut lebensfeindliche Bedingungen für Pflanzen und Tiere, wie wir sie heute kennen. Der viele hundert Millionen Jahre andauernde Regen ließ die Ozeane entstehen und hat das Kohlendioxid und den Schwefel aus der Atmosphäre herausgewaschen. Langsam begann sich etwas Sauerstoff durch die Aufspaltung von Wasserdampf (H_2O) und Kohlendioxid (CO_2) zu bilden. Gleichzeitig spielte und spielt sich noch heute unter Wasser Erstaunliches ab. Einerseits entstehen Lebensformen, für die Sauerstoff tödlich ist, andererseits erschienen kleine winzige blaugrüne Zellen, die sogenannten Cyanobakterien, die die Photosynthese „erfanden" und Sauerstoff bilden. Sie nutzen die Energie des Sonnenlichts, um aus Wasser und Kohlendioxid Zucker herzustellen. Dieser Sauerstoff ist aber Gift für die Organismen, die sich ohne Sauerstoff im Bereich der Schwarzen Smoker im Laufe der Zeit unter relativ gleichbleibenden Bedingungen allmählich entwickelt haben. Für diese Organismen wie z.B. Einzeller, Bakterien, Röhrenwürmer, Venusmuscheln, blinde Krabben und Bathymodiolide Miesmuscheln, (selbst einzelne Fische wurden in dieser bis dahin unbekannten einzigartigen Lebewelt gesehen), war Sauerstoff ein tödliches Gift. Ihr Stoffwechsel ermöglichte es ihnen dafür z. B. an heißen Quellen der Tiefsee, bei Temperaturen von bis zu 360 Grad Celsius, die Energie für ihren Stoffwechsel und ihre Vermehrung durch chemische Reaktionen aus anorganischen Verbindungen zu gewinnen. Etwa 1979 wurden erstmals diese sogenannten Black Smoker, die hydrothermalen Quellen am Grund der Tiefsee, die durch Vulkanismus entstehen, entdeckt. Ihre Öffnung ragt aus einer röhren- oder kegelförmigen porösen mineralischen Struktur, dem Schornstein, aus dem eine Sedimentwolke austritt, die aus Metallsulfiden, -oxiden und -sulfaten besteht hervor. Da sich diese Smoker unterhalb von 1000 Metern Tiefe befinden, ist der Druck höher als 100 Kilogramm/cm^2. Das bedeutet, dass die Atome so dicht aneinander gepresst werden, dass kein Dampf bzw. Gas freigesetzt werden kann. Gleichzeitig herrschen in diesen Tiefen sowohl weitgehend stabile Makroklimate als auch eine Unzahl von Mikroklimate in den schwammig aufgebauten porösen Wänden der Smoker. Kurz: Es bestehen dauerhaft optimale Voraussetzungen für die Entstehung unterschiedlichster chemischer Verbindungen auf engstem Raum.

Durch die moderne Technik ist es möglich geworden, den Stoffwechsel der Organismen in diesen Tiefen zu erforschen. Da ähnliche Formen in fossilen Faunengemeinschaften von Massiv-Sulvid-Lagerstätten gefunden worden sind, welche unter solchen Bedingungen abgelagert wurden, ist es naheliegend, davon auszugehen, dass sich unser Leben an hydrothermalen Quellen entwickelt hat und noch immer entwickelt. Aktiver Vulkanismus und Wasser sind also die „Geburtstshelfer" für das Leben auf unserem Planeten.

Die urtümlichsten aller Organismen, die Archaeen, zählen sozusagen zu den ältesten heute noch nachzuweisenden Wurzeln des Lebens, das vor 3,8 Milliarden Jahren begonnen haben soll. In den letzten Jahren konnte man erstmals nachweisen, dass das von den Smokern erhitzte Wasser mit all seinen Schwebestoffen und Kleinstorganismen nicht nur aus den Tiefen aufsteigt, sondern in geringeren Tiefen, wenn es sich entsprechend abgekühlt hat, flächenartig in Form von umschriebenen Inseln ausbreitet und so anorganisches und organisches Material bzw. unterschiedliche Entwicklungsstufen von Organismen in einer Art Kapsel einschließt. Diese „Inseln" werden ebenso wie die Larven von Lebewesen, deren Lebensgrundlage durch Zertörung der Smoker entzogen wurde, von den unterschiedlichsten Meeresströmungen weltweit in die verschiedensten Umweltmilieus verbreitet. So können die einzelnen Organismen an für sie besonders günstige Umweltbedingungen gelangen, denen sie sich entsprechend anpassen. Auf diese Weise ergeben sich für die jeweiligen Lebewesen die unterschiedlichsten Entwicklungsmöglichkeiten. Man könnte diese „schwimmenden Inseln" somit als einen Prototyp der „Arche Noah" bezeichnen. Arche leitet sich von dem lateinischen Wort „arca" = Kasten ab. Diese Befunde aus den letzten Jahren zeigen, dass es sich hier um einen über 3 Milliarden Jahre alten Prozess handelt, welcher noch immer andauert und das Potential besitzt, fortwährend neues Leben zu erschaffen. Sollte es unserer Spezies wirklich einmal gelingen, sämtliches Leben auf diesem Planeten auszulöschen, bleibt der Nachschub neuen Lebens aus der Tiefe der Meere gesichert, so lange unsere Erde besteht. Wenn es stimmen sollte, dass die Sonne in etwa 5 Milliarden Jahren unseren Planeten einäschert, bevor sie nach einer gigantischen Aufblähung zu einem braunen Zwerg in sich zusammenstürzt, bleibt also noch genügend Zeit, um die Evolution von Lebewesen neu zu starten.

Nachdem ich beschrieben habe, was man unter Leben versteht, ist zwangsläufig zu fragen was man unter Tod zu verstehen hat. Der Tod ist demnach ein irreversibles Erlöschen von kontrollierten und energieverbrauchenden Wechselwirkungen, so dass alle Zellfunktionen vollkommen zum Erliegen kommen.

Einzeller können sich zwar durch Verdopplung theoretisch unendlich fortpflanzen, aber als schlichte Kopien sind sie nicht anpassungsfähig. Der Schlüssel zur Evolution, die ja auch heute noch in unterschiedlichsten Kreisen heftig bestritten wird, war die Entstehung von Mehrzellern. Heute kennt man Organismen, die sich an der Schwelle von der Ein- zur Mehrzelligkeit befinden und unter der Bezeichnung *Volvox* bekannt sind. Volvox ist eine Gattung von Grünalgen. Da die Mutterorganismen absterben, wenn sie die Tochterorganismen freisetzen, ist *Volvox* auch einer der ersten Organismen, bei denen der Tod zum normalen Lebenszyklus gehört. Volvox gehört sozusagen zu den Erfindern des natürlichen Todes von Lebewesen. Bleibt die Frage, wie so etwas wie Leben entstanden sein könnte.

Auch hier bietet die Teilchenphysik eine Erklärung. Es sind die Quarks und Antiquarks, also die Bausteine aller Atome, die wiederum entweder eine positive oder eine negative Ladung haben und deshalb Moleküle bilden können. Auch diese Moleküle haben positive und negative „Andockstellen", so dass sich auf Grund dieser Tatsache die unterschiedlichsten Molekülketten und Molekülkombinationen bilden können. Je komplexer Molekülverbindungen werden, umso wahrscheinlicher kommt es zu „Kopierfehlern", die zu ganz unerwarteten Eigenschaften führen können. Man denke in diesem Zusammenhang an den Vergleich mit dem Silbenrätsel. Bleiben diese Verbindungen stabil und bringen eventuell sogar Vorteile, so werden sie sich gegenüber anderen Verbindungen behaupten können.

Schließlich entstehen entsprechend große Molekülkomplexe, die kleinere Moleküle z. B. dreiwertige Eisen-Ionen (Fe^{3+}), vierwertige Mangan-Ionen (Mn^{4+}), Sulfat, Schwefel und Kohlenstoffdioxid (CO_2) als Energiequelle nutzen und so deren Energie zum eigenen Um-, Auf- und Anbau verbrauchen. Bei diesem Energiestoffwechsel werden z. B. die oben genannten Verbindungen als Elektronenakzeptoren genutzt: Diese Redox-Reaktionen werden als anaerobe Atmung bezeichnet. Auf diese Weise entsteht der gleiche Effekt, wie man ihn von einer Batterie her kennt. Der Funken springt über und die sogenannte Lebensenergie wird gezündet, vergleichbar einem Dieselmotor. Das charakteristische Merkmal ist in beiden Fällen die Selbstzündung. Beim Dieselmotor wird der eingespritzte Kraftstoff, also seine Energiequelle, durch Komprimieren und Erhitzen der Verbrennungsluft erzeugt, während bei den Lebewesen der elektrische Funken durch entsprechend hohe Spannungsunterschiede zwischen Molekülkomplexen eines Systems erzeugt wird, vergleichbar mit den Entladungen von Blitzen bei Gewittern. Wird allerdings die Energieversorgung aus welchen Gründen auch immer plötzlich unterbrochen, dann tritt das ein, was man als Stillstand des jeweiligen Systems oder Tod bei einem Organismus bzw. eines Lebewesens bezeichnet. Schließlich entsteht nach dem Selbstähnlichkeitsprinzip auf höherem Niveau beim Zusammentreffen von Spermie und Eizelle nichts anderes. Solange die Energieversorgung aufrecht erhalten wird, wird sich diese befruchtete Eizelle zu einem gesunden ausgewachsenen Lebewesen entwickeln und als solches eventuell so ketzerische Ideen wie in diesem Text zu verbreiten suchen, bis eines Tages auch in diesem Subjekt zur Freude Vieler der Energiefluss zusammenbrechen und der Körper von der Natur entsprechend recycelt wird, wie es auch der christliche Glaube verkündet, wenn der Priester am Grabe sagt: „Aus der Erde sind wir genommen, zur Erde sollen wir wieder werden, Erde zu Erde, Asche zu Asche, Staub zu Staub".

Es ist der Weg alles Irdischen, der sich nach dem schon oft zitierten Ähnlichkeitsprinzip vergleichbar auch im Universum abspielt. Auch im All entsteht und vergeht Materie, so dass man analog zitieren könnte: „Aus Ätherteilchen ist die Materie entstanden und zu Ätherteilchen wird sie in Äonen von Jahren werden!" Den Zeitraum zwischen dem Entstehen und Vergehen einer Galaxie könnte man als Ewigkeit definieren. Der Begriff Äon wird je nach Zusammenhang, in dem das Wort steht, als *Lebenszeit, Leben, Generation, Zeit, Zeitdauer, Zeitraum* übersetzt. Im theologischen Sprachgebrauch wird das Wort oft im Sinne einer *unbegrenzten Zeit*, also mit der Bedeutung *Ewigkeit* verwendet. Diese Übersetzung ist aber umstritten. So mancher Vordenker hat offenbar die Dinge tiefer gesehen. Ebenso könnte man die Bezeichnung „Gott" als Analogon für das Medium bezeichnen, das als Äther, dunkle Materie oder WIMPs in den Sprachgebrauch Eingang gefunden hat, und alles im Rahmen der vorgegebenen Eigenschaften einerseits und den jeweiligen Umweltbedingungen andererseits durch Phasenübergänge erschaffen und wieder zerstören kann, was wir kennen. Interessanter Weise lässt sich das Wort Gott angeblich auf das Wort *dyaus* zurückführen, das als „Erscheinung" oder „Strahlung" übersetzt wird und von dem altindischen *deva* für Gott abgeleitet wurde.

Entscheidend für das Verständnis all dieser geschilderten Ereignisse ist das sogenannte Selbstähnlichkeitsprinzip, das die Chaosforschung entdeckte. Es besagt, dass alle Funktionsmechanismen im Universum sich letztlich durch dauerndes Wiederholen einfachster Grundvorgänge und Grundmuster aufbauen und die Welt im Innersten zusammenhalten. Die Chaosforschung macht es uns Menschen nachvollziehbar, warum die Welt so bunt und vielfältig ist und warum universelle Gesetzmäßigkeiten gelten. Diese Erkenntnis wird zwangsläufig früher oder später zu einer geistigen Revolution mit unabsehbaren Folgen für Wissenschaft und Gesellschaft führen, auch wenn unsere heutigen Eliten alles tun, um ihre Irrlehre weiter zu verbreiten und zu behaupten. Die Mentalität des tiefsten Mittelalters ist bei diesen „Eliten" noch immer in Reinkultur erhalten.

Die Erkenntnisse der Chaosforschung werden oft an Hand eines Blumenkohls erklärt, um zu veranschaulichen, was gemeint ist. Betrachtet man die einzelnen Röschen eines Blumenkohls, so wiederholt sich mit und in ihnen die Form des Blumenkohls als Ganzes. Der Blumenkohl organisiert sich folglich auf diese Weise selbst. Er wächst und bleibt lebensfähig, weil überall die notwendigen Nährstoffe hingelangen, indem er sein Grundmuster andauernd wiederholt. Auf diese Weise erreicht der Blumenkohl seine typische, feste Gestalt, denn die untergeordneten Strukturen dienen und stützen den übergeordneten Gesamtorganismus, in diesem Falle in Form des uns bekannten Bildes vom Blumenkohl.

Die Natur arbeitet im Prinzip wie ein Computer. Mit zwei Werten, entweder + und -, oder 0 und 1. Diese Vorgehensweise ist deshalb so erfolgreich, weil die Protonen überwiegend elektrische Eigenschaften und nur geringe magnetische Eigenschaften besitzen, also eine elektrische Ladung aufbauen, während die Neutronen, die überwiegend magnetische Felder erzeugen, keine nennenswerte elektrische Ladung haben. Hierin ist auch der Schlüssel dafür zu sehen, warum unsere Welt dualistisch aufgebaut ist.

Das chinesische Piktogramm von Yin und Yang zeigt deutlich, wie die beiden Gegensätze zusammen ein Ganzes bilden und gleichzeitig erkennen lassen, dass trotzdem auch im Yin das Yang enthalten ist und im Yang das Yin. Das bedeutet: In dem gleichen Maße, in dem sich das Yin im Yang verändert, verändert sich auch das Yang im Yin. Auch greift das Yin in die Hälfte des Yang und umgekehrt.

Auch das Morsealphabet arbeitet mit nur zwei Zeichen, den Punkten und Strichen. Mit diesen beiden Zeichen lassen sich alle Vorgehensweisen und Dinge beschreiben und berechnen, die wir kennen. Wenn man z. B. mit 3 D-Druckern Figuren oder Tiere herstellen will, braucht man nur festzulegen, in welcher Reihenfolge welche Vorgänge eingeleitet bzw. durchgeführt werden müssen. In der Natur machen das z. B. die DNA, also die Erbsubstanz sowie die RNA (eine wichtige Substanz für die Umsetzung der Erbinformationen). Wenn sich, aus welchen Gründen auch immer, etwas ändert, muss nicht das ganze Programm umgeschrieben werden, falls sich die Umweltbedingungen und die einzelnen Lebewesen verändern, sondern man nutzt, wie bereits beschrieben, das alte Programm bis zu der Stelle, an der die Veränderungen eintreten und entwickelt zusätzlich ein weiterführendes Programm oder adaptiert bestimmte Eigenschaften von anderen Programmen. Auf elementarer Stufe kann man das z. B. bei den Bakterien beobachten. So können Bakterien, wie bereits ausführlich beschrieben, Teile des Erbgutes von einer Spenderbakterie auf eine Empfängerbakterie durch direkten Zellkontakt übertragen. Auf diese Weise werden verschiedenste Eigenschaften wie die Antibiotikaresistenz weitergegeben und so können zunächst Antibiotika empfindliche Bakterien ebenfalls resistent werden. Bewährt sich die Veränderung, so bekommt dieser Organismus gewisse Vorteile, die er im Rahmen seines Überlebenskampfes optimiert, indem die Angepasstesten sich am stärksten vermehren und überleben können, bis erneut veränderte Rahmenbedingungen eine Anpassung durch Selektion erzwingen. Man denke nur an das Aussterben der Dinosaurier. Dann beginnt der Prozess, wie gerade geschildert, von neuem. Es sind zwar immer nur kleine Veränderungen, die im Laufe der Zeit geringe Vorteile bringen, die aber im Überlebenskampf so lange optimiert werden, bis schließlich z. B. Fische nicht nur kurzfristig an Land überleben, sondern auf Flossen gestützt an Land kriechen und als Amphibien den Luftsauerstoff atmen und sich auf vier Beinen fortbewegen können. Trotzdem erscheinen uns rückblickend manche Entwicklungen in der Evolution sprunghaft, weil über die langen Zeiträume hinweg viele kleinere Entwicklungsschritte als Folge von ungünstigen Umweltbedingungen durch Zersetzungsvorgänge nicht mehr nachweisbar sind. Alles funktioniert auf dem Wechselspiel zwischen Lebewesen und Umweltbedingungen und so bilden sich vergleichbare Entwicklungsstufen immer wieder bei den unterschiedlichsten Lebewesen aus. Deshalb stellt sich die Frage, wie ist das möglich?

Die Atomphysik, die neben dem Aufbau der Atome auch die Vorgänge im Inneren der Atome und ihre Wechselwirkungen mit anderen Atomen erforscht, hat zwar entscheidend zur Entwicklung unserer Industrie- und Informationsgesellschaft beigetragen. Trotzdem ist vieles noch nicht verstanden. So wurden und werden falsche Vorstellungen aus der Vergangenheit kritiklos übernommen, weil sie die industrielle Entwicklung nicht erkennbar negativ beeinflussen. Aber neue Forschungsergebnisse zeigen, dass man von falschen Voraussetzungen ausgegangen ist. Dieses Fehlverhalten führte und führt darüber hinaus zu Trugschlüssen und Irrlehren, was wiederum viele Forschungsgebiete z. B. in der Kosmologie, der Teilchenphysik, der Medizin und der Biologie behindert, um nur einige Fachbereiche zu nennen. Hier seien nur beispielhaft die irrigen Vorstellungen von Materie und Antimaterie, die sich gegenseitig vernichten sollen und die Anzahl der Quarks und Antiquarks in einem Proton bzw. Neutron ebenso erwähnt, wie der schizophrene Wellen-Teilchen-Dualismus.

Aber wie muss man sich die Evolution vorstellen, ohne noch ein wie auch immer geartetes höheres Wesen dafür verantwortlich zu machen. Dieses „Höhere Wesen" müsste es dann entweder schon immer gegeben haben oder, wenn es irgendwann aus dem Nichts entstanden sein sollte, dann muss seine Entstehung ungleich komplexer gewesen sein, als unsere Welt. Diese Argumentation führt also letztendlich lediglich zu einer Verschiebung aber nicht zu einer Lösung der Probleme.

Es ist deshalb am besten, wenn man sich einmal anschaut, was an gesicherten und unstrittigen Erkenntnissen vorliegt. Unstrittig ist, dass alle Atome die Bausteine sind, aus denen alle festen, flüssigen oder gasförmigen Stoffe bestehen. Alle Materialeigenschaften dieser Stoffe sowie ihr Verhalten in chemischen Reaktionen werden durch die Eigenschaften und die räumliche Anordnung der Atome, aus denen sie aufgebaut sind, festgelegt. Jedes Atom gehört zu einem bestimmten chemischen Element mit genau definierten Eigenschaften und bildet dessen kleinste Einheit. Atome verschiedener Elemente unterscheiden sich in ihrer Größe und Masse und vor allem in ihrer Fähigkeit, mit anderen Atomen chemisch zu reagieren, neue Eigenschaften zu entwickeln und sich zu Molekülen oder festen Körpern zu verbinden. Die Durchmesser von Atomen liegen in der Größenordnung von 10^{-10} m.

Der Atomkern hat einen Durchmesser von etwa einem Zehntausendstel des gesamten Atomdurchmessers, enthält jedoch über 99,9 % der Atommasse. Er besteht mit Ausnahme des Wasserstoffatoms aus mehreren positiv geladenen Protonen und einer Anzahl von etwa gleich schweren, elektrisch neutralen Neutronen. Die Hülle besteht aus negativ geladenen Elektronen. Sie enthält weniger als 0,1 % der Masse, bestimmt jedoch die Ausdehnung des Atoms. Alle Atome des selben Elements haben die gleiche chemische Ordnungszahl. Sind zusätzliche Elektronen vorhanden oder fehlen welche, ist das Atom negativ bzw. positiv geladen und wird als Ion bezeichnet.

Wir haben es folglich bei den Atomen und Molekülen mit zwei unterschiedlichen Ladungen zu tun. Beide Ladungen stehen in einem Gegensatz zueinander. Gleiche Ladungen sind miteinander unvereinbar, sie stoßen sich gegenseitig ab. Gegensätzliche Ladungen ziehen sich dagegen an und können sich ergänzen. Dieser Sachverhalt ist von grundsätzlicher Bedeutung, weil in dieser Eigenschaft der elementare Funktionsmechanismus und der Schlüssel für das Verständnis unserer Welt liegt, da sich die Atome mit negativer Ladung mit Atomen positiver Ladung stabil und dauerhaft miteinander verbinden können und auf diese Weise stabile Moleküle bilden. Auch die Atome der jeweiligen Moleküle können, ihrer Ladung entsprechend, Atome mit entgegengesetzter Ladung anlagern und so spiegelbildliche Moleküle bilden. In diesem Zusammenhang ist es wichtig darauf hinzuweisen, dass die Anlagerungen der Atome aneinander nicht willkürlich sind, sondern strengen gesetzlichen Vorgaben folgen, die so strikt sind, dass man diesen Sachverhalt schließlich zu Naturgesetzen erklärte, nachdem man diese Zusammenhänge erkannt hatte. Die Naturgesetze haben sich folglich auch allmählich entwickelt und bestimmen entsprechende Vorgänge, Entwicklungen und Reaktionen, die beliebig reproduzierbar sind. Dieses Prinzip der Vervielfältigung oder Vermehrung ermöglichte erst die Evolution sowohl der Materie wie letztlich auch des Lebens. Allerdings haben die spiegelbildlichen Moleküle, sogenannte Racemate, unterschiedliche Eigenschaften, was vor allem in der Biologie, der Medizin und der Pharmazie von entscheidender Bedeutung ist. Diese Tatsache beweist aber auch, dass die Quarks und Antiquarks ebenso wie die Protonen und Antiprotonen, also die Neutronen, keine Materie und Antimaterie darstellen, die sich gegenseitig vernichten, wie die offizielle Lehre behauptet, sondern das Ergebnis gegensätzlich zusammengesetzter Quarks und Antiquarks sind, die ein spiegelbildliches Aussehen haben und erst ermöglichen, dass unsere Welt und wir existieren. Warum das so ist, werde ich später ausführlich darlegen. Wichtig ist zunächst, dass dieser Sachverhalt die Voraussetzung dafür ist, dass unsere Welt so beschaffen ist und funktioniert, wie wir sie kennen.

Dieser Sachverhalt wird auch als „Chiralität" bezeichnet. Das Wort ist aus dem Griechischen für „Hand" abgeleitet und wird mit „Händigkeit" übersetzt. Die Chiralität ist eines der wichtigsten Grundprinzipien der Natur überhaupt. Sie bezeichnet die Tatsache, dass es Quarks, Atome, Moleküle, Gegenstände, Körperteile und ganze Lebewesen gibt, die sich zueinander wie Bild und Spiegelbild verhalten, sich also trotz ihrer

Ähnlichkeit niemals zur Deckung bringen lassen. Versuchen Sie einmal mit der rechten Hand einen linken Handschuh anzuziehen oder spiegeln Sie einmal eine Gesichtshälfte. Vielen Menschen dürfte z. B. schon einmal aufgefallen sein, dass sie beim Betrachten von Fotos unterschiedlich gut „getroffen", sprich abgebildet sind, je nachdem ob sie von links oder rechts fotografiert worden sind. Landläufig spricht man von der sogenannten „Schokoladenseite".

Die Entstehung der Materie

In diesem Kapitel möchte ich versuchen, zu erklären, warum das Universum zeitlos ist und wie der Kosmos funktioniert, indem Materie und Felder entstehen und auch wieder vergehen. Viele Argumente, die in anderem Zusammenhang bereits angesprochen wurden werden sich zwangsläufig wiederholen, um die kontinuierliche Entwicklungs- und Untergangsszenarien zu erklären.

Die Physiker suchen nach einer Formel, oder wenigsten nach einem Verständnis der Dinge und Vorgänge, die unsere Welt zusammenhalten. Man hat diese Problematik unter der Überschrift „Große vereinheitlichte Theorie" (GUT = Grand Unified Theory) zusammengefasst. Dabei geht man davon aus, dass die physikalischen Gesetze drei verschiedenen Symmetrien unterworfen sind. Die Symmetrie C (Compatibility = Vereinbarkeit, Vergleichbarkeit) besagt, dass die Gesetze für Teilchen und Antiteilchen gleich sind. Nach Symmetrie P (Parity = Gleichheit) sind die Gesetze für jede Situation und ihr Spiegelbild gleich (das Spiegelbild eines Teilchens, das sich rechtsherum dreht, ist ein Teilchen, das sich linksherum dreht). Symmetrie T (Time = Zeit) besagt, dass das System in einen Zustand zurückkehrt, den es zu einem früheren Zeitpunkt eingenommen hat, wenn man die Bewegungsrichtung aller Teilchen und Antiteilchen umkehrt. Die Gesetze sind folglich für Vorwärts- und Rückwärtsrichtung der Zeit gleich.

Die Anstrengungen der Vertreter der theoretischen Physik gehen also dahin, eine Theorie zu entwickeln, welche die Leptonen und die Quarks in einer einzigen Familie vereint und auch beschreibt, wie sie sich ineinander umwandeln können. Die schwache Kraft, die elektromagnetische Kraft, die starke Kernkraft und die Gravitationskraft sind nach ihrer Überzeugung alle Aspekte einer einzigen, fundamentalen Kraft. Diese sog. große Einheitstheorie versucht nicht, die Verschiedenheit der Kräfte zu verbergen, aber sie geht davon aus, dass sich die Naturkräfte unter bestimmten Bedingungen einander angleichen. Solche Bedingungen herrschten nach Ansicht der Physiker nach dem fiktiven Urknall in einem frühen Universum vor, als die Temperaturen noch sehr hoch waren und die Teilchen riesige Energien besessen haben sollen.

Wie ich in den vorausgegangenen Kapiteln gezeigt habe, ist dies ein falscher Ansatz mit irreführenden Ergebnissen. Symmetriebrüche finden nämlich nicht irgendwie statt, sondern folgen Gesetzen, die genauso streng sind wie jene, denen die Symmetrie folgt. Die Experimentalphysiker können nur bedingt bei der Klärung dieser Problematik helfen, da die Zustände eines hypothetischen frühen Universums im Labor nicht rekonstruierbar sind. So können Einzelergebnisse je nach Fragestellung, Versuchsanordnung und Interessenlage interpretiert und auch mathematisch begründet werden. Bevor der Mathematiker anfängt zu rechnen, definiert er als Erstes die Bedingungen und Voraussetzungen, auf die seine nachfolgenden Berechnungen basieren sollen. Sind einzelne Voraussetzungen oder Bedingungen falsch, dann liefert der Mathematiker unter Umständen zwar das gewünschte aber nicht das richtige Ergebnis. Da diese mathematischen Operationen äußerst schwierig sind, werden die jeweiligen Interpretationen, die irgendein Guru verkündet, nicht angezweifelt und hinterfragt und es geschieht das Gleiche wie mit des Kaisers neuen Kleidern.

In diesem Zusammenhang sei noch einmal an das *Michelson-Morley-Experiment* erinnert, das bis heute als Beweis angeführt wird, dass es angeblich keinen Äther gibt. Tatsächlich besagt aber das Experiment lediglich, dass es keinen Äther als Trägermedium für elektromagnetische Wellen und kein ausgezeichnetes Bezugssystem für die Lichtausbreitung gibt. Es schließt aber einen Äther keineswegs aus, wie die offizielle Lehrmeinung verkündet. Das ist ein großer und entscheidender Unterschied. Ein indirekter belastbarer Nachweis für die Existenz des Äthers lässt sich durch den Casimir-Effekt erbringen. Das wird aber verschwiegen, obwohl schon Newton und Einstein den Äther als das Medium im All anerkannten. So sagte Einstein z. B. in seiner 1920 in Leiden gehaltenen Rede „Äther und Relativitätstheorie": *„**Den Äther leugnen bedeutet letzten Endes annehmen, dass dem leeren Raum keinerlei physikalische Eigenschaften zukommen.**"* Und Newton stellte fest, *dass er nicht glaube, „**dass ein Mensch, der eine in philosophischen Dingen geschulte Denkfähigkeit hat, jemals die Ansicht vertreten könne, dass es ein absolutes Vakuum geben könne, da sonst die Gravitation unmöglich wäre.**"*

Das Gleiche gilt für das *Doppelspaltexperiment*, mit dem man den Menschen den Wellen-Teilchen-Dualismus einredet. Tatsache ist, dass lediglich die Quarks und Antiquarks bzw. ihr Zusammenschluss in Form der Atomkerne massive starre Teilchen sind. Felder sind dagegen ein elastischer, plastischer und umschriebener Phasenzustand des Äthers in Form umschriebener Verwirbelungen von unterschiedlich stark verdichteten Ätherteilchen. Physiker sprechen von einer amorphen Phase wie sie z.B. Flüssigkeiten bilden. Ein elektromagnetisches Feld, z. B. ein Photon, kann, einem Wassertropfen vergleichbar, Effekte wie ein Teilchen bewirken. Wenn ein Photon auf ein Elektron trifft, löst es sich wie ein Wassertropfen auf, der in das Wasser fällt und erregt in dem Elektron ebenfalls Transversalwellen. Ein solides Teilchen verursacht ebenfalls Transversalwellen, löst sich aber nicht auf. Da ein Atomkern nur etwa den 10 000stel Teil im Zentrum eines Atoms einnimmt, verhält sich die Atomhülle im Doppelspaltexperiment wie ein Feld und zeigt deshalb „Wellencharakter". Würde man z. B. einen Atomkern, der so groß ist wie eine Ein-Cent-Münze in den Mittelpunkt eines Fußballfeldes legen, so würde das ganze Fußballfeld in die Atomhülle dieses Atomkernes passen. Bei diesen Größenunterschieden dürfte es eigentlich für jeden einsichtig sein, dass sich Atome im Doppelspalt-Experiment wie Felder verhalten, obwohl sie Materie, also Teilchen, und keine Wellen sind.

Der Wellen-Teilchen-Dualismus ist also ebenfalls eine Fehlinterpretation und eine falsche Behauptung der Experten. Wenn man Atome oder Felder, wie Elektronen oder Photonen, die von den Physikern fälschlich als Teilchen bezeichnet werden, einzeln und hintereinander durch eine Doppelspaltvorrichtung schickt, dann baut sich erst nach einer Vielzahl von Treffern ein scheinbares Interferenzmuster auf einer photographischen Platte auf. Interferenz ist eine charakteristische Überlagerungserscheinung, die beim Zusammentreffen zweier oder mehrerer Wellenzüge mit fester Phasenbeziehung untereinander am gleichen Raumpunkt und zur gleichen Zeit eintritt und dann in Form eines Interferenzmusters zu beobachten ist. Wenn Teilchen, Elektronen oder Photonen hintereinander auf eine Platte abgestrahlt werden, können sie unmöglich interferieren. Die Lösung des Problems liegt in der Tatsache begründet, dass 50% der „Teilchen" einen Linksspin und 50% einen Rechtsspinn haben und beim Passieren der Spalten in der Blende entsprechend unterschiedlich abgelenkt werden. Dieser Sachverhalt ist auch der Grund, weshalb sich nur auf einer Fotoplatte ein scheinbares Interferenzmuster allmählich aufbaut, während an einer gewöhnlichen Wand hintereinander einzelne Punkte aufleuchten und sofort wieder verschwinden. Eine Interferenz ist deshalb unmöglich. Diese Tatsache machen sich z. B. Billardspieler zu Nutze. Mit dem sogenannten Effet-Stoß dreht der Spieler eine Kugel an und ermöglicht so, die Kugel zu einem bestimmten Laufverhalten zu veranlassen (z. B. Bogen-Stoß). Das ist alles. Wenn man jedoch von einer falschen Annahme ausgeht, kann man natürlich nicht zu einem richtigen Ergebnis kommen. Der Wellen-Teilchen-Dualismus ist also das Ergebnis einer Irrlehre, verursacht durch falsche Behauptungen und unverstandene Teilchenphysik.

Aber wo kommen wir eigentlich her? Und wohin werden wir gehen?

Die Quantentheorie besagt, dass wie auch immer bezeichnete Teilchen nicht aus dem „Nichts" entstehen können. Auch der Energieerhaltungssatz bestätigt, dass Energie weder erzeugt noch vernichtete werden kann. Darüber hinaus kann es auch keinen „leeren Raum" geben. Von einem leeren Raum zu sprechen macht keinen Sinn, denn ein Raum benötigt Begrenzungen. Begrenzungen lassen sich aber nur durch stoffliche, real existierend Teilchen oder Objekte festlegen. Leibniz (1646 bis 1716) wies bereits darauf hin, dass es sich sowohl bei der Zeit wie dem Raum um abstrakte Ordnungsprinzipien handelt, die dem Menschen dazu dienen, die Aufeinanderfolge von Ereignissen wie die Abstände zueinander und Ausdehnung von Objekten zu bestimmen. Raum und Zeit sind nichts, was für sich selbst besteht. Sie sind nichts Stoffliches, sondern ein Modell oder eine Anschauungsform des Gehirns des jeweiligen Lebewesens, um das Objekt oder Subjekt seiner Wahrnehmung in eine bestimmte Ordnung zu bringen.

Mit seiner Forschung zur Struktur von Materie, Raum und Zeit sowie dem Wesen der Gravitation veränderte Einstein das Weltbild der Physik, weil man nicht zwischen dem mathematischen Raum und dem Raum unserer Anschauung unterscheidet. Zwischenzeitlich zeigen neuere Forschungsergebnisse, dass viele mathematische Ergebnisse aus dem damaligen Wissensstand heraus falsch interpretiert wurden. Das darf aber die breite Öffentlichkeit nicht erfahren und so werden diese Erkenntnisse totgeschwiegen und seriös arbeitende Wissenschaftler an ihrer Arbeit behindert, weil die Forschungsmittel durch einflussreiche Interessensgruppen untereinander verteilt werden. Aber selbst an einem stattlichen Baum kann es zu Astbrüchen kommen und wenn sich das Geäst lichtet, kann auch die Basis Zugang zum Licht der Erkenntnis bekommen. Schließlich blieb ja auch nicht für alle Zeiten die Erde eine Scheibe und obwohl unser Blauer Planet auf den Bildern aus dem All wie eine CD aussieht, wurde offiziell noch nicht behauptet, dass die Erde doch eine Scheibe ist.

Was sich die Teilchenphysiker unter leerem Raum vorstellen, kann folglich gar nicht so leer sein, weil dann alle Felder, z.B. das Gravitationsfeld und die elektromagnetischen Felder exakt gleich null sein müssten. Das ist jedoch nicht möglich, da es sonst diese Felder nicht geben würde. Auch der 3. Hauptsatz der Wärmelehre, der auch als Nernstsches Wärmetheorem bekannt ist, widerlegt diese Behauptung. Die diese Felder aufbauenden Ätherteilchen, werden als virtuell bezeichnet, weil sie im Gegensatz zu anderen Teilchen nicht mit einem Teilchendetektor zu beobachten sind. Da sich ihre indirekten Auswirkungen (z.B. kleine Veränderungen der Energie von Elektronenbahnen in den Atomhüllen oder die Beeinflussung der Gravitation von Galaxien durch die sog. dunkle Materie) messen lassen und bemerkenswert genau mit theoretischen Vorhersagen übereinstimmen, müssen sie existent sein. Aber niemand weiß, wie sie aussehen. Das bedeutet, dass sie derart klein sind, dass sie z.Z. von unseren Messgeräten nicht erfasst werden können, also unter der Nachweisgrenze liegen. Wenn man aber etwas nicht nachweisen kann, darf man nicht behaupten, dass dieses Etwas nicht existiert. Berechnungen haben ergeben, dass diese Teilchen weniger „wiegen" müssten als 10^{-54} kg. Wobei sich allerdings die Frage stellt, ob sie überhaupt etwas wiegen können, da diese Ätherteilchen den Ätherdruck, also die Schwerkraft und somit die Masse, erzeugen. Einige Wissenschaftler sprechen von WIMPs (Weakly Interacting Massiv Particles). Von entscheidender Bedeutung ist, dass diese WIMPs, elementare Urstoffteilchen, Elementarpartikel oder Apeiron, wie sie schon vor etwa 2600 Jahren der griechische Philosoph Anaximandros aus Milet (610 - 546 v.Chr.) nannte, sich in einer dauerhaften und ungleichmäßigen Bewegung befinden. Bewegt sich eine bestimmte Anzahl von diesen Teilchen auf parallelen Geraden, dann spricht man von einer fortschreitenden Bewegung oder Translationsbewegung. Behält ein Teilchen dieser Gruppe eine feste Position im Raume bei, dann spricht man von einer Rotation oder Drehbewegung. Man unterscheidet also in der Kinematik geradlinige und krummlinige Bewegungen.

Diese Ausführungen sind deshalb so wichtig, weil diese an sich neutralen Urstoffteilchen (WIMPs) als Folge ihrer unterschiedlichen Bewegung zu unterschiedlichen kräftetragenden Feldern werden. Ein zunächst völlig neutrales massives Teilchen bekommt durch seine unterschiedliche Verdichtungen, z. B. in Form von

Feldern, seine Bewegungsart, Bewegungsrichtung und Bewegungsgeschwindigkeit unterschiedliche Eigenschaften: Diese Urstoffteilchen können die Atomhüllen problemlos durchdringen. Lediglich an den Quarks der Atomkerne prallen sie ab und bestimmen je nach Reflexion, was die Materie zu tun und zu lassen hat und welche Eigenschaften die Materie besitzt. Die Materie ist somit lediglich ein Mittel zum Zweck, denn ohne Materie könnten diese Urstoffteilchen nicht wirken bzw. Wirkung zeigen, da jede Information einen Sender, einen Empfänger und einen Speicher benötigt und das ist die Funktion von Atomen.

Die Teilchenphysiker gehen davon aus, dass kräftetragende Teilchen je nach Stärke der Kraft und nach Art der Materie, mit der sie in Wechselwirkung stehen, in vier Kategorien eingeteilt werden können. Doch muss ich darauf hinweisen, dass diese Unterteilung in vier Klassen willkürlich ist und lediglich als bequemes Hilfsmittel zu der Entwicklung von Teiltheorien dient. In der Realität geht diese Einteilung am Kern der Dinge vorbei. In der Realität bilden sich im Universum als Folge seiner unendlichen Ausdehnung, der endlichen und unregelmäßigen Geschwindigkeit seiner Teilchen, unterschiedlich starke umschriebene Teilchenkonzentrationen in den verschiedensten Regionen des Kosmos, die vergleichbar einer Bienenwabe oder eines Schwammes das uns bekannte Universum strukturieren. Die sog. Große Mauer (eine langgestreckte Konzentration von Galaxien in All) ist als solch ein „Stützpfeiler" dieser Spongiosa-Abbildung zu verstehen, vergleichbar den Knochen von Lebewesen. Diese Strukturen sind natürlich bedingt durchlässig, und stehen so offen mit ihrem Umfeld in Verbindung. Sie ermöglichen aber andererseits, dass sich durch die Teilchenbewegungen ein Druck aufbaut, wie wir das auch von unserer Luft her kennen. Ferner werden von allen Atomkernen die Auftreffenden Ätherteilchen reflektiert, kommen aber nicht mehr genau an den Ort ihrer Aussendung an. Dies führt zu einer Krängung der Objekte, was wiederum diese Gebilde in Rotation versetzt. Aus diesem Grunde befinden sich alle Himmelskörper in Rotation. Nur einige wenige scheinen so positioniert, dass es zu keiner Krängung kommt und diese Gebilde bewegungslos im Raum zu stehen scheinen.

Wenn nun zwischen den einzelnen Himmelskörpern in einer derartigen „großräumigen Zelle" ein Unterdruck entsteht, weil sie, einem Schatten vergleichbar, Teilchenströme teilweise abschirmen, werden diese Himmelskörper aufeinander zugetrieben, bis sie entweder feste Bahnen einnehmen oder schließlich zusammenprallen. Da aber diese Himmelskörper allesamt aus Atomen bestehen, wird eine bestimmte Anzahl der Urstoffteilchen, die den Überdruck erzeugen, an den Quark/ Antiquarkpaaren der Atomkerne re-

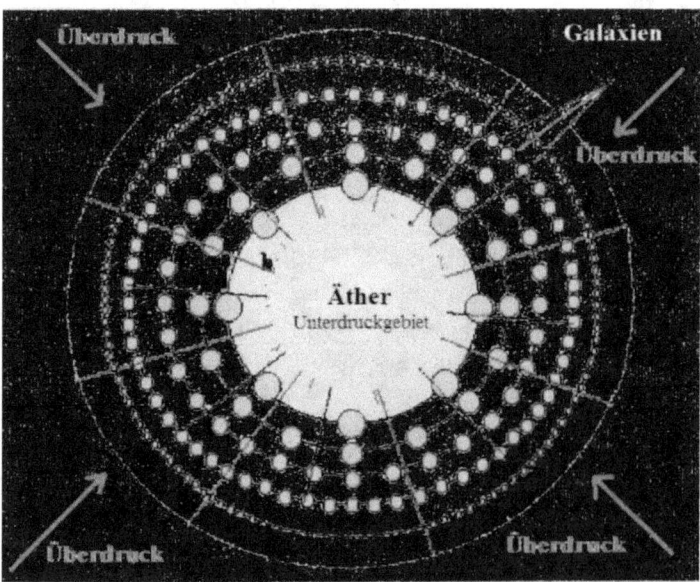

flektiert. Gleichzeitig strömen Urstoffteilchen von allen Seiten nach, bis sich bei einem bestimmten Abstand der Himmelskörper zueinander der Druckunterschied wieder ausgeglichen hat. Die Urstoffteilchen wirken so dem Überdruck entgegen, indem sie selbst einen Druck ausüben und stehende Wellen, den Schallwellen vergleichbar, zwischen den jeweiligen Himmelskörpern aufbauen. So entstehen morphogene Felder, die Abstand und Position der Himmelskörper zueinander bestimmen. In diesem Zusammenhang sei an die Bilder aus der Kymatik erinnert. Da die Anziehungskraft der Körper untereinander mit dem Quadrat der Entfernung abnimmt, sind genaue Positionsbestimmungen möglich.

Im Universum bilden sich größere Ansammlungen von Galaxien zu sogenannten Superhaufen. Sie bewegen sich alle mit zunehmender Geschwindigkeit auf ein gemeinsames Zentrum zu, das die Astrophysiker als „Großen Attraktor" bezeichnen und als Mittelpunkt einer entsprechend großen Massekonzentration beschreiben. Nach meiner Überzeugung handelt es sich jedoch nicht um eine Massekonzemtration, sondern um ein gemeinsames Tiefdruckgebiet aller beteiligten Galaxien, da, wie ich bereits ausführlich dargelegt habe, die Schwerkraft das Ergebnis eines Druckausgleiches der Ätherteilchen ist. Wie von mir bereits beschrieben, bildet der Äther Hoch- und Tiefdruckgebiete. Die Galaxienansammlungen schirmen durch ihre, einem Kreis nicht unähnliche Anordnung in schalenförmigen Ausrichtungen ihr gemeinsames Zentrum ab, so dass im Zentrum der Unterdruck am niedrigsten ist. Auf diese Weise rücken die Galaxien immer stärker zusammen, erniedrigen weiter den Unterduck im Zentrum und steigern die Annäherungsgeschwindigkeit der Galaxien in Richtung Lichtgeschwindigkeit immer mehr, bis schließlich die Materie sublimiert und wieder in Ätherteilchen zerfällt. Aus diesen Ätherteilchen können sich wieder neue Schwarze Löcher, Quasare und Quarks- bzw. Antiquarks bilden und eine neue Galaxie wird geboren. Da sich der Aufbau der Galaxien und Ihre Zerstörung in einem Fließgleichgewicht befinden, handelt es sich, physikalisch gesehen, um ein Perpetuum mobile, da das Universum im Gegensatz zu den Galaxien, ein offenes System darstellt. In einem geschlossenen System wie den Galaxien ist ein Perpetuum mobile nicht möglich.

Die Schwerkraft stellt sich somit als das Ergebnis eines Druckausgleiches und stehender Wellen aus Urstoffteilchen innerhalb eines „Überdruckbehälters" dar. Die elektromagnetischen Felder sind dagegen das Resultat senkrecht aufeinanderstehender Rotationsfelder, die durch den Spin und die Topologie der Quark/Antiquarkpaare erzeugt werden. Haben elektromagnetische Felder den gleichen Spin, so hat ihr Feld die gleiche Ladung und sie stoßen sich ab. Haben sie einen spiegelbildlichen Spin, dann haben sie eine unterschiedliche Ladung und sie ziehen sich nicht nur an, sondern heben sich auch in ihrer Wirkung auf. In diesem Sachverhalt ist der Wirkungsmechanismus der Homöopathie begründet, auf den ich ausführlich in dem Kapitel: „Homöopathie – Der Schlüssel zum Verständnis elementarer Wechselwirkungen im Kosmos" eingehen werde.

Nach meiner Anschauung bedeutete dies nichts anderes, als dass die durch die Potenzierungsvorgänge deutlich verstärkten elektromagnetischen Schwingungen einer homöopathisch aufbereiteten Arznei, welche bei einem Gesunden die gleichen krankhaften Beschwerden auszulösen vermögen, wie die, an denen ein bestimmter Patient leidet, weitgehend den die Krankheitsymptome dieses Kranken auslösenden Störschwingungen spiegelbildlich entsprechen müssen, um diese durch Interferenz zu löschen.

Dieser Vorgang ermöglicht dem jeweiligen Organismus, seine ursprüngliche harmonische Schwingung wieder aufzubauen und lässt den Patienten gesunden.

Dies alles geschieht, wie Hahnemann schreibt, schnell, rasch und ohne Nebenwirkungen. Elementarpartikel (WIMPs) sowie ihre unterschiedlichen Bewegungsformen verschiedener Stärke, vier Quarks und vier Antiquarks sind alles, was unsere Welt aufbaut, umbaut, funktionieren lässt und auch wieder zerstört. In den Menschen haben es diese einfache Elementarpartikel mit den angeführten Minimalvoraussetzungen geschafft, über sich selbst nachzudenken und diese Wirkungsmechanismen zu erkennen.

Basierend auf den gesicherten, von der offiziellen Lehre ohne Angabe von Gründen nicht anerkannten Erkenntnissen stimme ich den Argumenten von Newton und Einstein zu und bin wie diese davon überzeugt, dass der Kosmos von einem, heute oft als Äther, dunkle Materie oder WIMPs bezeichnetem Medium durchsetzt ist, dessen Teilchen sich in unterschiedlich starker Bewegung befinden und in alle Richtungen beliebig bewegen können. Da die Geschwindigkeit dieser Teilchen begrenzt ist, andererseits aber eine absolute Ruhe der Teilchen ebenfalls unmöglich ist, bilden sie, da in einem unendlichen Kosmos unmöglich alle Teilchen mit einer endlichen Geschwindigkeit synchron schwingen können, zwangsläufig zahlreiche regionale Verdichtungen. Diese Teilchen bilden zunächst eine Wolke und verdichten sich indem sie dem Zentrum dieser Teilchenwolke zuströmen, immer stärker, bis nicht mehr ausreichend Urstoffteilchen nachströmen können, weil die Teilchen aus immer größeren Entfernungen nicht mehr schnell genug nachkommen. Der Teilchenstrom reißt folglich ab. Auf diese Weise koppelt sich solch eine Teilchenwolke vom übrigen Teilchenfluss im Universum ab und wird zu einem geschlossenen System.

Durch die Gravitationskräfte verdichten sich schließlich die Teilchen zum Zentrum hin derart, dass der Innendruck und die Innentemperatur dieses Gebildes, das als Schwarzes Loch beschrieben wird, einen Grenzwert erreichen. Jenseits dieses Grenzwertes kommt es zu einem Phasenübergang im Randbereich des massiven Kernes des Schwarzen Loches, in dessen Folge die Ätherteilchen „verklumpen" und zu kleinen massiven Teilchen auskristallisieren, da sie sich auf Grund der extremen Rotationsgeschwindigkeit des Schwarzen Loches nicht an seinem Kern anlagern können. Aus diese kompakten „Nanokristallen" unterschiedlichster Größe und inneren Aufbaus werden zu einem späteren Zeitpunkt durch die Bedingungen in den Jets die späteren Quarks aussortiert, während alle „Nanokristalle", die nicht den extrem strengen Bedingungen genügen, wieder in das Schwarze Loch zurückfallen.

Um den Innendruck und die Innentemperatur dieses Schwarzen Loches, das in Wirklichkeit kein Loch sondern eine massive Urstoffteilchendichte darstellt, zu stabilisieren, werden diese „Kristalle" entlang der Rotationsachse des Schwarzen Loches, der „Brutkammer der Materie", zu den Polen gepresst und in Form von Jets am „Südpol" und am „Nordpol" dieses Schwarzen Loches mit annähernder Lichtgeschwindigkeit ausgestoßen. Nur den „Kristallen", die exakt definierte Bedingungen erfüllen, gelingt es, den extrem starken Magnetmantel, der sich um das mit hoher Geschwindigkeit rotierende Objekt gebildet hat, zu durchbrechen. Alle anderen „Kristalle" fallen, wie bereits erwähnt, in das Schwarze Loch oder zutreffender gesagt, den massiven Körper, zurück und werden recycelt.

Die „Kristalle aus Urstoffteilchen", die sich nun jenseits des Magnetmantels befinden sind die Quarks, aus denen sich die gesamte Materie des künftigen Systems Galaxie aufbauen wird. Diese Quarks haben als Folge der Konvektionsströme im Schwarzen Loch eine genau ausgerichtete Innenstruktur. Entweder sind die Urstoffteilchen, aus denen sie bestehen, senkrecht von oben nach unten oder von unten nach oben, parallel zur Rotationsachse ausgerichtet, vergleichbar einer Spule, die man von oben nach unten und von unten nach oben wickeln kann oder sie sind horizontal, parallel der Äquatorialebene von links nach rechts bzw. von rechts nach links angeordnet, siehe Seite 13. Es gibt somit nur vier unterschiedlich strukturierte Quarks im gesamten Universum. Da die Quarks, die am Nordpol ausgestoßen wurden, einen spiegelbildlichen Spin zu den Quarks haben, die am Südpol herauskatapultiert wurden, gibt es grundsätzlich acht verschiedene Quarks, von denen sich die vier Quarks, die am Nordpol ausgestoßen wurden spiegelbildlich zu den vier Quarks, die am Südpol ausgestoßen wurden wie Materie zu Antimaterie verhalten, denn laut Definition ist das Spiegelbild eines Teilchens (in diesem Fall eines Quarks), das sich rechtsherum dreht, ein Antiquark (Antimaterie), das sich linksherum dreht. Wir haben es folglich mit Quarks und Antiquarks zu tun, die zusammen die Materie aufbauen und nicht, wie gelehrt wird, sich gegenseitig verstrahlen und in Energie auflösen. Der hypothetische Alien aus der fiktiven Antiwelt könnte uns also getrost die Hand reichen, ohne dass sich beide Partner nihilieren würden. Die Quarks und Antiquarks wandern entlang der Magnetfeldlinien zur Äquatorebene des Schwarzen Loches, das sich mit dem Ausstoß der Jets an seinen Polen zum Quasar weiterentwickelt hat und verbinden sich dort unter Freisetzung extremer Energiemengen zu Protonen und Antiprotonen, den Atomkernen des Wasserstoffs und damit zu den Bausteinen unserer Materie. Die extremen Energiemengen, die bei der Quark/Antiquark-Fusion freigesetzt werden, bilden in der Äquatorebene des Quasars eine hell strahlende Scheibe, die von den Astrophysikern als Akkretionsscheibe bezeichnet wird. Die Existenz dieser extrem hellen Scheibe in der Äquatorialebene des Quasars ist unstrittig. Allerdings akkretiert diese Scheibe nicht, wie die Astrophysiker behaupten, Materie in Richtung Zentrum eines Schwarzen Loches, sondern sie katapultiert die durch die Quarks und Antiquarks erzeugten Protonen und Antiprotonen, die wir später noch als Neutronen kennen lernen werden, als interstellare Materie in das All, wo sie von der Schwerkraft wieder eingefangen werden und zunächst Materiewolken und schließlich Sterne bilden. Würden die Jets durch Materie entstehen, die von der Akkretionsscheibe wieder in das All reflektiert werden, müssten sie von der Akkretionsscheibe und nicht vom Rand des Schwarzen Loches mit Lichtgeschwindigkeit zurückkatapultiert werden und würden gleichzeitig die Behauptung widerlegen, dass sich nicht einmal Photonen der Schwerkraft eines Schwarzen Loches entziehen können.

Der Unterschied zur offiziellen Lehrmeinung besteht folglich darin, dass die Astrophysiker lehren, dass ein Schwarzes Loch den Kollaps eines riesigen Sternes darstellt und die Akkretionsscheibe das Ergebnis von Himmelskörpern ist, die in das Schwarze Loch stürzen und in Form der Akkretionsscheibe von ihrer Verstrahlung, dem Übergang in Energie, Zeugnis geben. Dabei sind sich alle Experten einig, dass der Sturz eines Himmelskörpers in ein Schwarzes Loch nur spiralförmig verlaufen kann, eine scheibenförmige Strahlungszone um das Schwarze Loch folglich so gar nicht möglich ist. Darüber hinaus wissen wir von dem sog. Polarlicht, dass die Strahlungsvorgänge im Bereich der Pole ganz anderen Vorgängen und Wechselwirkungen unterliegen, als sie für die Erklärung der Jets gegeben werden.

Nach dem Selbstähnlichkeitsprinzip ist folglich die offizielle Lehre nicht haltbar. Schwarze Löcher sind nach meinen Ausführungen vielmehr die Vorstufe der Quasare. Quasare bauen die Galaxien auf, weshalb in jedem Zentrum einer Galaxie ein Quasar oder ein Schwarzes Loch gefunden wurde oder wenigstens vermutet wird. Das ist der Grund, weshalb im Universum Quasare entdeckt wurden, die noch keine erkennbare Galaxie um sich aufgebaut haben. Bei ihnen handelt es sich um noch sehr junge Quasare, die erst noch ihre Galaxie aufbauen werden. Die Schwarzen Löcher im Zentrum der Galaxien sind „ausgebrannte" Quasare. Dieser Sachverhalt beweist auch, dass bei der Entstehung eines Schwarzen Loches nur ein bestimmter Energievorrat vorhanden ist, der nicht ergänzt werden kann, da nicht nur auf unserem Erdball, sondern auch auf der Sonne und unserer gesamten Galaxie der Entropiesatz gilt, solange diese Galaxie existiert.

Wenn diese Galaxie in ferner Zukunft mit vielen anderen Galaxien auf einen gemeinsamen Attraktor zustürzen wird und bei annähernder Lichtgeschwindigkeit mit einem riesigen Blitz wieder in die einzelnen Urstoffteilchen zerfällt, dann greift nicht nur, allerdings auf Umwegen, die von den Physikern prophezeite Umwandlung der Symmetrie T, sondern dann geht auch ein geschlossenes System wieder in ein offenes System über. Der Kosmos hat keinen Anfang und kein Ende. Lediglich die Dinge in ihm sind einem steten Wandel unterworfen. Der Kosmos pulsiert und regeneriert sich fortlaufend, indem er stetig so viel Materie produziert, wie er wieder vernichtet und sich dadurch selbst erhält. Das Universum befindet sich folglich in einem Fließgleichgewicht. Es ist ein lebender Organismus, der das Prinzip der Unsterblichkeit für sich entdeckt hat. Er besitzt das Geheimnis des ewigen Lebens. Die Lehre vom Urknall ist das Ergebnis falscher Vorgaben bei mathematischen Operationen. Es sind stehende Wellen, die dem Kosmos das Aussehen geben, das er hat, und es sind ebenfalls Wellen, die durch Interferenz einen dauernden Wandel im Kosmos und in seinem Aussehen bewirken. Unwillkürlich wird man an die Sphärenklänge unserer Altvorderen erinnert. Der Kosmos ist nicht statisch, wie eine kurzzeitige Betrachtung vortäuscht und er expandiert auch nicht, wie offiziell gelehrt wird, sondern der Kosmos ist das Urbild steten Wandels durch Entstehen und Vergehen. Das Universum ist ein unsterblicher, pulsierender und „atmender Einzeller". Er ist zugleich Schöpfer und Zerstörer. Alles ist in ihm und er ist in Form seiner Urstoffteilchen, dem Stoff der Schöpfung, in allem.

Schon in der Antike hatten Leukipp und Demokrit im 5. Jahrhundert v. Chr. als Erste ein Viele-Welten-Modell entwickelt. Nach ihrer Ansicht müssen die gleichen Gründe, die aus mechanischer Notwendigkeit zur Entstehung unserer Welt geführt haben, ebenso die Entstehung anderer, und zwar unendlich vieler Welten bewirkt haben und weiterhin verursachen. Die Welten können nach der von ihnen entwickelten atomistischen Lehre sowohl zeitgleich als auch nacheinander existieren. Sie entstehen und vergehen;

während die einen im Entstehen sind, sind andere bereits in Auflösung begriffen. Metrodoros von Chios, der ein Schüler Demokrits gewesen sein soll, versuchte die Überlegung der Atomisten mit einem Vergleich zu veranschaulichen. Er argumentierte, dass im unendlichen Raum nur ein einziger Kosmos entstehe, sei ebenso unwahrscheinlich wie die Annahme, dass auf einer großen Ackerfläche nur ein einziger Getreidehalm heranwachsen würde. In dem atomistischen Modell gibt es unzählig viele Atome und einen unbegrenzten Raum. Ich glaube, dass man besser von einer unbegrenzten Weite oder beliebig viel Platz sprechen sollte, da der Raum sehr unterschiedlich definiert wird. So wird zwischen Innenraum und Außenraum, Freiraum und Landschaftsraum, physikalischen Raum und mathematischen Raum unterschieden. Die Atome sind ständig in Bewegung und es bilden sich schließlich Verdichtungen von ihnen, die zur Entstehung von Strudeln oder Wirbeln führen, aus denen sich dann die einzelnen Galaxien bzw. Welten formen. Die Welten sind von unterschiedlicher Ausdehnung, zwischen ihnen befindet sich lediglich der Äther, aus dem sie entstehen. Die Verteilung der Galaxien im All ist in großem Maßstab gleichmäßig. Die Anzahl und Größe der Gestirne in den verschiedenen Welten differieren allerdings, da der jeweilige Verlauf der einzelnen Welten-Entstehungsprozesse von Zufallsfaktoren innerhalb bestimmter Rahmenbedingungen beeinflusst wird.

Wenn man das liest, dann scheint die Menschheit 2500 Jahre im geistigen Stillstand verharrt zu sein. Zwar hat auch Giordano Bruno (1548 - 1600) dieses Thema wieder aufgegriffen, aber da man damals noch nicht wusste, wie gefährlich CO_2 für das Weltklima ist, wurde er kurzer Hand verbrannt.

Nachdem bekannt geworden war, dass Giordano Bruno bei seiner Flucht aus dem einem Kloster Schriften des Kirchenvaters Hieronymus in die Latrine geworfen hatte, musste er auch aus Rom fliehen. Von diesem Zeitpunkt an wurde sein Leben zu einer Wanderschaft durch halb Europa. Bruno reiste auch nach Deutschland und bekam im Sommer 1586 eine Stelle als Extraordinarius an der Artistenfakultät der Universität Wittenberg und erhielt das Recht auf freie Vorträge über Philosophie. In seinen Vorlesungen behandelte er die Schriften des Aristoteles, Mathematik, Logik, Physik und Metaphysik. Aber er bekam immer wieder Probleme mit der Kirche und der weltlichen Obrigkeit und würde auch heute noch in Deutschland böse anecken und zum gefürchteten Rechtsextremisten erklärt, nachdem er einmal feststellte: *„Gebe, o Jupiter, dass die Deutschen ihre Kräfte erkennen und ihren Fleiß auf höhere Dinge richten, dann werden sie nicht mehr Menschen, sondern Götter sein!"* doch dämpfte er bereits seine Hoffnungen, indem er bemerkte: *„Es ist daher kein Wunder, wenn Ihr sehr viele bemerkt, welche trotz ihrer Gelehrten- und Priesterwürde mehr nach dem Rindvieh, der Herde und dem Stalle riechen als diejenigen, welche in Wahrheit Pferdeknechte, Hirten und Ackersleute sind."* Ende des Zitates. Und so etwas sagte ein italienischer Priester vor hunderten von Jahren. Solche Äußerungen sollte sich heute einmal trotz zugesicherter freier Meinungsäußerung ein Deutscher Bürger zu sagen trauen.

Solange wir in der Bundesrepublik Deutschland aber z. B. eine Bundeskanzlerin haben, die zwar auf dem Gebiet der Physik promovierte, aber als Politikerin Totschlagargumente wie Sachzwänge und „politische Entscheidungen" über die Naturgesetze stellt, ist nicht zu befürchten, dass Deutschland weltweit eine führende Rolle auf dem Gebiet der Wissenschaft erlangen wird, da bereits der Vatikan erkennen musste, dass sich Naturgesetze nicht einmal durch den Stellvertreter Gottes auf Erden beeinflussen lassen. Hier sei nur kurz an Galilei und die Urknalltheorie gedacht. Vielleicht wurde auch deshalb die frühere Bundesministerin für Bildung und Forschung, Frau Annette Schavan, die Botschafterin für die Bundesrepublik Deutschland im Vatikan.

Am 4. Juli 2012 hatte die Bundesforschungsministerin Annette Schavan nichts Wichtigeres zu tun, als den CERN-Wissenschaftlerinnen und -Wissenschaftlern mit folgenden Worten zu etwas zu gratulieren, was keineswegs abgesicherte wissenschaftliche Erkenntnis ist. *„Die Suche nach den Higgs-Teilchen hat nun fast 50 Jahre gedauert, aber nun könnte die Entdeckung gelungen sein. Die Ausdauer und Neugier der Wissenschaftler wurde belohnt. Ich gratuliere den beteiligten Arbeitsgruppen herzlich zu dieser wissenschaftlichen Sensation."* Ende des Zitates.

Da fragt man sich natürlich auch, wes Geistes Kinder die Berater im Forschungsministerium sind. Die Urknalltheorie ist fachlich unhaltbar und wenn es keinen Urknall gab, kann es auch keine Higgs-Teilchen geben, auch wenn es der Wissenschaftslobby gelungen ist, für diesen Unfug auch noch den Nobelpreis zu verleihen. Übrigens meldete Spiegel online am 26.02.2015; DPA/ Zhaoyu Li/ Shanghai Astronomical Observatory; Schwarzes Loch: Masse von zwölf Milliarden Sonnen. Astronomen haben ein gigantisches Schwarzes Loch entdeckt. Es liegt 12,8 Milliarden Lichtjahre von der Erde entfernt - und gibt den Forschern Rätsel auf. Seine Entstehung widerspricht allen bisherigen Theorien.

Das Gleiche gilt auch für die CO_2 – Problematik. Man lässt lieber die Menschen aktuell im Smog und Feinstaub krank werden oder gar umkommen, erklärt aber das harmlose CO_2 zu einer Bedrohung für das Weltklima. Hier sollte man nicht nur vernünftige Prioritäten setzen, sondern auch nach gesicherten wissenschaftlichen Erkenntnissen handeln.

Frau Schavans Begeisterung war nicht sonderlich verwunderlich, da sie solche Pressemeldungen dringend benötigte, um die riesigen Fehlinvestitionen an Steuergeldern zu rechtfertigen. Schließlich ist das Forschungsministerium der Bundesrepublik Deutschland nach eigenen Angaben der größte CERN-Förderer. Es zahle angeblich jährlich rund 180 Millionen Euro und damit etwa 20 Prozent der Mitgliedsbeiträge des CERN-Haushaltes. Außerdem stammen aus Deutschland auch viele Bauteile der Teilchendetektoren. Nach Desy-Angaben sind mehr als 700 deutsche Wissenschaftler an den beiden Experimenten Atlas und CMS beteiligt.

Im Internet waren unter www.bild.de vom 07.02.2013 folgende Kommentare zu lesen „Handelsblatt": „Politik und Wissenschaft sind getrennte Welten. Wer in der Wissenschaft so abgründig fehlt wie Theodor zu Guttenberg oder Annette Schavan, ist dort sofort unten durch. Da gibt es kein Vertun: Die Maßstäbe sind simpel. Wahr und unwahr, richtig und falsch lassen sich leicht scheiden. Anders in der Politik, wo der Mittelweg als Ideal herrscht und selbst die Unterscheidung zwischen richtig und falsch notorischen Kompromisscharakter trägt." Und im „Cicero" www.cicero.de 09.09.2014 ist zu lesen: „Die Bundesrepublik Deutschland hat mit Annette Schavan eine uneinsichtige Plagiatorin zur neuen Botschafterin im Vatikan gemacht. Das zeigt, wie wenig Ansehen dieser Posten und die Geisteswissenschaften genießen und wie moralunempfindlich politische Seilschaften sind." Ende der Zitate.

Es wird höchste Zeit, dass Schlüsselpositionen durch Fachleute besetzt werden und nicht zur Altersversorgung von abgehalfterten Politikern dienen, denn Stillstand heißt Rückschritt. Wenn man in Deutschland so weiter macht, ist es nur eine Frage der Zeit, wann Deutsche in die heutigen Schwellenländer und Entwicklungsländer auswandern müssen, um sich als Tagelöhner und Schuhputzer zu verdingen.

Im alten Indien hatten kluge Menschen schon in vorgeschichtlicher Zeit eine realistische Vorstellung über kosmische Vorgänge, aber diese tiefen Einsichten überforderten das Anschauungsvermögen der breiten Masse. Aus diesem Grunde wurde das Rad der Wiedergeburt gelehrt und eine hierarchisch aufgebaute Götterwelt geschaffen, die allegorisch die Funktionsabläufe im Kosmos repräsentieren sollen.

Doch zurück zu den Quarks, den Antiquarks und den Protonen bzw. Antiprotonen. Bei der Vereinigung der Quarks und Antiquarks in der Akkretionsscheibe werden riesige Mengen an Energie freigesetzt, welche die Protonen und Antiprotonen ins All schleudert, während gleichzeitig thermonukleare Reaktionen stattfinden, durch die die Elemente wie Helium, Lithium sowie das schwere Wasserstoff-Isotop Deuterium entstehen. Da diese Atome durch das Gravitationsfeld des Quasars daran gehindert werden, ins All abzudriften, bewegen sie sich zwischen dem Magnetmantel des Quasars und der äußeren Begrenzung seines Gravitationsfeldes, in einem sog. Halo.

Dort verdichten sich regional Wasserstoffatome, das Helium und andere Atome, zu Wolken, in denen sich allmählich herdförmige Atomverdichtungen, die Vorläufer der Sterne, entwickeln. In ihnen bilden sich durch Kernfusion zunächst aus Wasserstoffatomen Helium und dann schwerere Elemente wie Kohlenstoff,

Sauerstoff, Kalzium bis hin zum Eisen. Alle Elemente, die schwerer als Eisen sind, entstehen in den Stoßwellen von Supernovae-Explosionen, die das Ende massereicher Sterne begleiten, sobald sie ihre Energieproduktion nicht mehr aufrecht erhalten können, weil zu viel Wasserstoff verbraucht worden ist. Bei diesen Kernreaktionen werden durch die Kernkräfte die Protonen und Neutronen (Antiprotonen) in den Atomkernen der Reaktionspartner durch Spaltung und/oder Verschmelzung zu neuen Elementen kombiniert. Hierbei spielt die Kombination und Position der Quark/Antiquarkpaare in den Protonen und Antiprotonen die entscheidende Rolle für den Aufbau und die Entstehung des jeweiligen Elementes. Bei den chemischen Reaktionen ordnen sich dagegen nur die äußeren Elektronenhüllen der Reaktionspartner unter dem Einfluss elektromagnetischer Kräfte um. Da diese elektromagnetischen Kräfte ebenfalls von den Quark/Antiquarkpaaren gesteuert werden, sind sowohl die sog. Selbstorganisation der Materie wie auch die einzelnen Konfigurationen der Atome in den anorganischen und in den organischen Verbindungen von der Anordnung der Quark/Antiquarkpaare abhängig.

Die Quark/Antiquarkpaare „informieren" nämlich das jeweilige Atom nicht nur wo oben, unten, links, rechts, vorne und hinten ist, sie sind nicht nur für die Entstehung von Racematen im Verhältnis 50% zu 50% in der toten Materie verantwortlich, sie bewirken auch, dass in lebenden Organismen entweder nur linksdrehende oder rechtsdrehende Moleküle aufgebaut werden. Ja der Einfluss der vier unterschiedlichen Quark/Antiquarkpaare geht sogar so weit, dass sie über die vier stickstoffhaltigen Basen den genetischen Code der RNS und der DNS aufgebaut und verschlüsselt haben. Die heutigen Lebewesen erhalten ihre Erbinformation durch die jeweilige Anordnung der Nukleinsäuren (RNS und DNS), die im Zellkern jeder ihrer Zellen gespeichert sind. Der Gencode ist wie der Atomkern des Wasserstoffs aber nicht aus vier, sondern lediglich aus drei Komponenten (jeweils drei Quark/Antiquarkpaare) zusammengesetzt. Während zwei dieser Komponenten immer gleich bleiben (im Proton und Antiproton sind es die beiden u-Quark/Antiquarkpaare, im Gencode die Nukleinsäuren Adenin und Thymin), werden die d-Quark/-Antiquarkpaare im Proton bzw. Antiproton ebenso gegeneinander ausgetauscht wie Guanin gegen Cytosin im Gencode. Das Tripel im Proton ist ebenso wie das Tripel im Gencode für die Ausrichtung und Orientierung der Atome und Moleküle im Raum verantwortlich. Wird das d-Quark/Antiquarkpaar gegeneinander ausgetauscht, so erhält man die Antimaterie, die, obwohl spiegelbildlich zur Materie, den gleichen Gesetzen unterworfen ist. Wird das Guanin gegen das Cytosin ausgetauscht, entsteht folglich ein „Antilebewesen". Es verhält sich spiegelbildlich zu dem entsprechenden „Lebewesen". Alle Lebewesen bestehen folglich aus zwei spiegelbildlichen Hälften, deren Stoffwechsel miteinander wechselwirken und erst so Leben ermöglichen. Genetisch gesehen, sind alle Lebewesen Chimären und dennoch einheitliche Individuen. Zwischen den beiden Hälften springt der zündende Funken nach strengen Regeln hin und her, so lange ausreichend verwertbare Energie zugeführt und entsprechend verstoffwechselt werden kann. Wird dieser Energiefluss unterbrochen, bezeichnet man das als das Ableben des betroffenen Lebewesens, also seinen Tod. Ein Toter und ein lebender Organismus unterscheiden sich folglich nur dadurch, dass sein Energiefluss endgültig zum Stillstand gekommen ist.

Doch zurück zum „Doppelwesen" Mensch. Wer nicht glaubt, dass wir aus zwei unterschiedlichen Hälften zusammengesetzt sind, der braucht nur in den Spiegel zu schauen. Die linke Gesichtshälfte ist ähnlich der rechten Gesichtshälfte und umgekehrt. Da aber in der Natur nichts vollkommen symmetrisch ist, sondern nur ähnlich (Simile), sind beide Gesichtshälften zwar ähnlich, aber nicht gleich. Das wissen vor allem schöne Frauen, die bei Aufnahmen möglichst von ihrer „Zuckerseite" abgelichtet werden wollen. Die räumliche Ausrichtung und Ausdehnung sowie das spiegelbildliche Verhalten der Materie wie auch der Lebewesen, das eigene Gegenstück zu bilden, ist auch der Grund, weshalb der Gencode als ein Tripel und nicht binär angelegt ist. Nur so lässt sich auch erklären, dass eine Hälfte von uns als „Mensch" und die andere Hälfte als „Antimensch", das Ich, sein Ego bilden. Nur so lässt sich erklären, dass grundsätzlich eine Körperhälfte anfälliger, schwächer bzw. weniger geschickt ist, als die andere. So wird besonders bei älteren Menschen immer deutlicher ein Auge besser sehen, als das andere; ein Ohr schlechter hören als das andere. Auch die Kraft und Geschicklichkeit in unseren Extremitäten ist entweder links oder rechts stärker entwickelt bzw. ausgeprägt. Sogenannte beidfüssige Fußballspieler sind z. B. sehr selten und deshalb gesucht. Und wenn Goethe seinen Faust sagen lässt: *„Zwei Seelen wohnen, ach! in meiner Brust, die eine will sich von der andern trennen;"* dann spricht er aus, was die gesamte Menschheit umtreibt. Allerdings weicht er mit seiner dichterischen Freiheit deutlich von den anatomischen Gegebenheiten ab. Wollte er heute das Physikum bestehen, so müsste er reimen: *„Zwei Seelen wohnen, ach! Unter meinem Schädeldach, die eine will sich von der andern trennen."*

Das Gehirn besteht nämlich aus zwei spiegelbildlichen Hemisphären, die durch zahlreiche Bündel von Nervenfasern miteinander verbunden sind. Das bedeutet, dass diese beiden Gehirnhälften miteinander kommunizieren. Optisch erinnert die Silhouette des Gehirns an zwei Bäume, die dicht beieinander stehen. Auch sie erwecken für den flüchtigen Betrachter den Eindruck, als ob nur ein Baum in der Landschaft stehen würde, da diese beiden Bäume tatsächlich den Umriss zeigen, wie man ihn von einem Baum der gleichen Art gewöhnt ist. Wird einer dieser Bäume gefällt, so hat man das Bild eines „halben Baumes". Er sieht aus, als hätte jemand die Äste der einen Seite abgesägt. In Wahrheit ist er jedoch völlig unbeschädigt. Unwillkürlich wird man an das Selbstähnlichkeitsprinzip erinnert, das aus der Chaosforschung bekannt ist.

Doch zurück zur Neuroanatomie des Gehirns. Das größte Bündel an Nervenfasern, das die beiden Gehirnhälften miteinander verbindet, die sog. große Kommissurenbahn, wird als Corpus callosum bezeichnet. Als man bei Tieren das Corpus callosum durchtrennte, ergaben sich zum allgemeinen Erstaunen in Hinblick auf das Verhalten der Tiere keine erkennbaren Veränderungen. Noch größeres Aufsehen erregte die Tatsache, als man in den vierziger Jahren bei Autopsien einzelner verstorbener Menschen zufällig feststellte, dass bei ihnen das Corpus callosum fehlte. Dieser Nervenstrang war einfach nicht angelegt worden, so dass es sich um ein angeborenes Fehlen des Corpus callosum handelte. Nachforschungen ergaben, dass das Verhalten dieser Verstorbenen zu ihren Lebzeiten völlig unauffällig gewesen war und auch keine intellektuellen Defizite beobachtet worden waren. Sperry stellte schließlich fest, dass die große Kommissurenbahn, das Corpus callosum, die Informationen, die die eine Gehirnhemisphäre erhält, sofort an die andere weiterleitet. Sie spielt nach seiner Überzeugung bei den Funktionsabläufen, die zur Vereinheitlichung der Persönlichkeit des jeweiligen Individuums führen, eine wesentliche Rolle. Diese Funktion soll von den niedrigsten Wirbeltieren bis hin zum Menschen eine zunehmende Bedeutung gewinnen.

Auf der Entwicklungsstufe des Menschen erschließt die Erforschung dieses komplexen Systems die Möglichkeit, das Problem des Bewusstseins und des Geistes zu untersuchen. Sperrys Experimente lieferten den ersten Beweis für die Tatsache, dass beide Gehirnhälften wie zwei vollständig autonome Einheiten funktionieren können, die unabhängig voneinander dazu imstande sind wahrzunehmen, zu lernen und sich zu erinnern. Erst mit zunehmendem Alter kommt es zur Spezialisierung der jeweiligen Hemisphäre und ihrer einzelnen Regionen. So haben Kopfverletzungen bei Kindern unter zwei Jahren dazu geführt, dass stellvertretend andere Zentren die Funktionen übernommen haben. Bei Kindern zwischen zwei und zehn Jahren war dies nur noch eingeschränkt möglich und ist mit zunehmendem Alter schließlich gar nicht mehr möglich. Das bedeutet, dass die rechte und die linke Gehirnhemisphäre ähnlich strukturiert sein müssen und erst später eine Spezialisierung erfahren.

Es stellt sich somit die Frage, warum haben wir zwei völlig selbständige und funktionsfähige Gehirne angelegt? Welche Notwendigkeit besteht, eine rechte und eine linke Gehirnhemisphäre zu haben, um Freude oder Leid, Angst oder Wut, Begeisterung oder Traurigkeit zu empfinden? Eigentlich sollte für diese Gefühle doch eine Region im Gehirn ausreichen.

Die Antwort auf diese Fragen ergibt sich aus dem Aufbau der Materie und Antimaterie. Linke und rechte Gehirnhemisphäre verhalten sich komplementär und erlauben so das Abwägen oder Beurteilen zweier Möglichkeiten. Dabei ist festzuhalten, dass bei Rechtshändern die rechte Gehirnhemisphäre von der linken Gehirnhemisphäre dominiert wird, während bei den Linkshändern die linke Gehirnhemisphäre von der rechten Gehirnhemisphäre kontrolliert wird. Können die beiden Gehirnhälften zu keiner Entscheidung kommen, oder ist eine Entscheidung aus gegebenen Gründen unmöglich, so sprechen wir von einer

Tragödie, da die Situation ausweglos und damit nicht entscheidbar ist. Deshalb wohnen auch unsere beiden Seelen nicht in der Brust, sondern im Kopf. Das ist auch der Grund, warum wir bei besonders

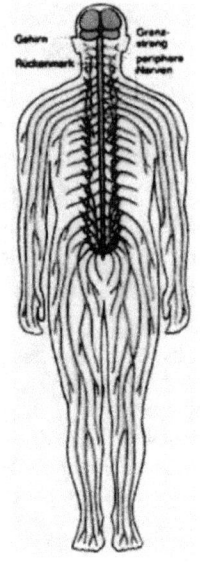

Auch das Nervensystem ist spiegelbildlich angelegt.

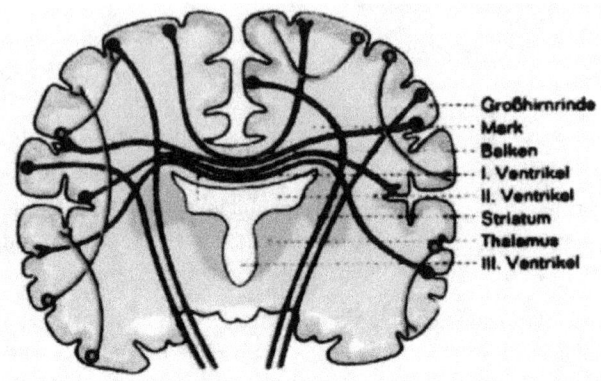

An dem Frontalschnitt durch das Gehirn sind deutlich die beiden Hemisphären des Großhirns zu erkennen, die durch einen tiefen Einschnitt voneinander getrennt sind. Die Verbindung zwischen den beiden Hemisphären wird durch einen dicken Nervenstrang, dem sogenannten Balken hergestellt.

schwerwiegenden Entscheidungen hin und her gerissen werden. Wir wägen das Für und das Wider ab, denn die zwei Seelen in uns, die Seele des „Menschen" und des „Antimenschen" ringen miteinander um eine gemeinsame Entscheidung. Diese Polarität ist die Voraussetzung für oszillierende Systeme und damit für unser Leben, für unsere Entscheidungen sowie unser Selbstverständnis. Schon Heraklit lehrte: *„Der Widerstreit ist der Vater aller Dinge!"* Eugen Roth schildert diese Problematik sehr treffend und anschaulich zugleich in seinem Sechszeiler mit dem Titel:

Die Reue

Ein Mensch in Reuequalen schrie:
„Oh hätt ich nie, oh hätt ich nie!"
Dann wieder, und gar wilder noch:
„Oh hätt ich doch, oh hätt ich doch!"
Zu spät! Doch oft wie Scherben passen
Zusammen falsches Tun und Lassen!

Über das Problem, warum der Gencode als Tripel und nicht als Binär-Code angelegt ist, wird zwar seit langem nachgedacht, doch gibt es bis heute keine offiziell anerkannte Lösung dieses Problems. Es ist auch nicht zu erwarten, dass die offizielle Lehre meine „unsinnigen" Überlegungen akzeptieren wird. Da muss sich die Natur schon etwas anderes einfallen lassen, wenn sie so funktionieren soll, wie sich das die moderne Ingenieurwissenschaft vorstellt. Vielleicht gibt es eine Gesinnungsänderung, wenn das Industriezeitalter endgültig vom Informationszeitalter der Computer abgelöst worden ist. Schließlich kam auch einmal der Tag, als sich die Sonne besann und sich nicht mehr um die Erde drehte, sondern, wie plötzlich gefordert, die Erde die Sonne umkreiste. Die Natur ist eben anpassungsfähig, wenn es die Obrigkeit wünscht. Schließlich wird ja grundsätzlich gelehrt, dass wir die Krone der Schöpfung sind und da kann die

Natur nicht mehr machen was sie will, auch wenn es sich über Milliarden von Jahren bewährt hat. Es ist überhaupt in hohem Maße verwunderlich, wie die Natur zu Recht kam, bevor es uns Menschen gegeben hat, denn letztlich wimmelt es nur so von unendlichen Größen und blinden Zufällen. Es war höchste Zeit, dass der Mensch Ordnung in dieses Tohuwabohu brachte. So wenigstens das Selbstverständnis der Gurus. Nach meiner Überzeugung machte die Natur nur einen entscheidenden Fehler, als sie den Menschen zuließ. Aber die Evolution, oder besser der Mensch selbst, werden dafür sorgen, dass wir uns in absehbarer Zeit wieder für immer von dieser Erde, dem Sonnensystem, unserer Galaxie und dem gesamten Kosmos verabschieden werden. Schließlich sind für uns Profitgier und Egoismus von wesentlich höherem Stellenwert als ein vernünftiger Umgang mit der Natur.

Die moderne Physik und der Raum-Zeit-Begriff

Ende des 19. Jahrhunderts entstand ein völlig neuer Zweig der Physik. Auf der einen Seite war die klassische Physik, die alle experimentell und messend erfassbaren Vorgänge in der Natur zu sammeln, zu ordnen und mathematisch zu beschreiben versucht und auf der anderen Seite wurde eine theoretische Physik entwickelt, die sich einerseits in sehr speziellen Fragen bewährt hat, die aber leider häufig auch missbräuchlich verallgemeinert wird, und sich in Spekulationen verliert, die weder in der Realität zu überprüfen sind, noch der allgemeinen Lebenserfahrung entsprechen. In der Realität würde kein seriöser Architekt ein Gebäude auf einem Fundament errichten, dessen Zusammensetzung und Eigenschaften ihm nicht bekannt sind und ausschließlich auf Vermutungen beruhen. So viel zu der Vorgehensweise einer mächtigen Wissenschaftslobby.

Zu Beginn des 20. Jahrhunderts errechnete Albert Einstein (1879 - 1955), dass so scheinbar einfache Begriffe wie Raum und Zeit sich bei mathematischen Berechnungen überhaupt nicht trennen lassen und leitete damit scheinbar das Schisma der Physik ein, das durch Max Planck (1858 - 1947) und seine Quantentheorie vollendet wurde. Leider verkannte man sowohl in Wissenschaftskreisen wie in der breiten Öffentlichkeit, dass es sich bei den Berechnungen von Einstein um „mathematische Räume" handelt.

Der Begriff des Raumes hat sich in der Geschichte der Physik stark gewandelt, weil die Vertreter der theoretischen Physik den Raum mit seinen Eigenschaften nicht als etwas Gegebenes postulieren, sondern ihn in einer umfassenden Theorie gemeinsam mit den bekannten Grundkräften und Elementarteilchen zu begründen versuchen, was zwangsläufig zu verschiedenen Definitionen und unterschiedlich vielen Dimensionen geführt hat. Der Raum unserer Anschauung und Erfahrung wird durch die Materie und die unterschiedlichsten Felder zu einer Art „Behälter", in dem sich alle physikalischen Vorgänge abspielen. Seit dem Altertum spricht man deshalb von dem euklidischen bzw. dreidimensionalen Raum, wenn man den Raum unserer Anschauung meint. Seine Dimensionen werden üblicherweise als x-, y- und z-Richtungen angegeben und als Raumkoordinaten bezeichnet. Bei den von diesen Koordinaten aufgespannten Dimensionen spricht man von Raumdimensionen. Hierbei wird ein Punkt als keine Raumdimension, eine Gerade oder Kurve als eine Raumdimension, eine Fläche als zwei Raumdimensionen und der Raum als drei Raumdimensionen definiert. Da weder der Raum noch die Zeit etwas Gegenständliches sind, können sich die mathematischen Räume in der Realität weder krümmen, noch kann sich die Zeit verlangsamen oder beschleunigen.

FOCUS Online, stellte am Freitag, den 10.10.2014, 09:50 Folgende Frage: *„Könnte es sein, dass wir in einem 2D-Universum leben? Höhe, Tiefe, Länge: Unser Universum ist dreidimensional. So scheint es jedenfalls. Aber was wäre, wenn unser Universum nur zwei Dimensionen hätte? US-Forscher sollen nun angeblich ein Gerät entwickelt haben, das Klarheit schaffen soll."* Ende des Zitates.

Diese Experten sind offensichtlich so spezialisiert und abgehoben, dass sie glauben, die geltenden physikalischen Gesetze einfach ignorieren zu können. Einmal abgesehen davon, dass es in einem flachen, zweidimensionalen Kosmos kein Oben und Unten geben würde, bereits ein Blatt Papier ist ebenso dreidimensional, wie ein Atom, es ist aus rein physikalischen Gründen unmöglich, dass sich ein dreidimensional ausbreitender Explosionsherd plötzlich zu einer zweidimensionalen Fläche verwandelt. Auch die von dem britischen Astrophysiker und theoretischen Physiker Stephen Hawking in seinem Bestseller: „Eine kurze Geschichte der Zeit" auf den Seiten 205 -208 angeführten zweidimensionalen Tiere sind nicht einmal theoretisch möglich, da sie ja nur eine abstrakte mathematische Fläche darstellen. Also auch hier ein Denkfehler als Folge einer falschen Interpretation mathematischer Ergebnisse. In mathematischen Teilgebieten wie der Topologie, der Differentialtopologie, der riemannschen Geometrie oder der Funktionstheorie betrachtet man Flächen nicht mehr als Objekte, die in den dreidimensionalen Raum eingebettet sind, vielmehr verzichtet man auf den umgebenden Raum und betrachtet nur die Fläche für sich. Man spricht von abstrakten Flächen oder von 2-Mannigfaltigkeiten.

Man könnte auch nicht mehr das Gravitationsgesetz anwenden, da die Gravitationskraft zwischen den Himmelskörpern in einem zweidimensionalen Kosmos rein rechnerisch rascher als in einem dreidimensionalen Kosmos abnehmen würde, also alle irdischen Berechnungen falsch wären. In der Realität kann es aber gar keine zweidimensionale Gravitationskraft geben, da es sich mathematisch um abstrakte Oberflächen handelt, die gar nicht in einem dreidimensionalen Raum eingebettet sind und deshalb gar nicht der Schwerkraft unterliegen. Schließlich sind diese Flächen nichts Stoffliches, aber nur etwas Stoffliches unterliegt der Schwerkraft. Etwas Stoffliches ist auch grundsätzlich dreidimensional, wie klein dieses Teilchen auch sein mag. Das verlangt auch die Quantenphysik. In einem dreidimensionalen Kosmos verringert sich bekanntlich die Gravitationskraft um ein Viertel der ursprünglichen Stärke, wenn man die Entfernung zwischen den Objekten verdoppelt und das entspricht der Realität.

Wie man an unterschiedlich alten Supernovae-Explosionen überprüfen kann, breitet sich das Material nach einer Explosion im Kosmos in alle Richtungen aus und der gesamte von der Explosion gebildete Raum ist mit Materie, Feldern wie Photonen erfüllt. Welches unbekannte Medium nach dem Urknall in Bruchteilen von einer Sekunde das Universum so aufgebläht haben soll, damit ein derart riesiger leerer Raum entstehen konnte, dass die materiellen Teile bei der Urknallexplosion wie eine Ballonhülle flächenartig den fiktiven Explosionsherd umgibt, ist den Kosmologen unbekannt, unlogisch und wird einfach behauptet.

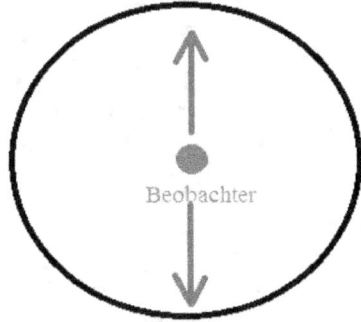

Das aufgeblähte Universum: Eine absolute Leere wird von einer Schale aus Materie, unterschiedlichsten Feldern wie Photonen umgeben und soll nach offizieller Lehre ein flaches Universum darstellen, obwohl es zwangsläufig eine dreidimensionale Kugel bleibt.

So sieht der Unterschied zwischen mathematischem Raum und realem Raum unserer Anschauung aus. Einstein verknüpft in seiner Relativitätstheorie mathematisch die beiden Begriffe Raum und Zeit, die man bisher getrennt behandelt hatte, zu einer gemeinsamen mathematischen Realität, der sogenannten Raumzeit. Er beschreibt die Raumzeit als ein relatives dynamisches Gefüge, das sich je nach Verteilung der Masse oder Energie in seiner Umgebung verändert. Nach offizieller Lehre soll man sich ein aufgespanntes Gummituch vorstellen, dessen Konturen durch das Einwirken von Masse in Form von Planeten, Sternen und anderen Himmelskörpern verzerrt werden. Dabei ist zu beachten, dass ein gespanntes Tuch zweidimensional ausgerichtet ist, also eine Fläche darstellt, in der die Himmelskörper aber nicht in einer Ebene angeordnet sind. Allein diese Vorgabe ist realitätsfremd. Nach der Theorie bildet der jeweilige Planet in dem gespannten, flachen, zweidimensionalen Tuch einen Gravitationstrichter, wodurch die Fläche zu einem dreidimensionalen Raum ausgebeult wird. Die Verformung ist umso größer, je mehr Masse und Volumen das Objekt besitzt. Da das Volumen als der räumliche Inhalt eines geometrischer Körpers definiert wird, ist die Vorstellung eines zweidimensionalen Universums einerseits und die Erklärung wie Schwerkraft funktioniert andererseits völlig realitätsfern.

Wie soll das aber in einem zweidimensionalen Universum geschehen? Wie sollen die Sterne und Planeten in einem zweidimensionalen Universum aneinander vorbeikommen, wenn sie sich begegnen? Wie kann sich ein Universum nach der Urknalltheorie unter diesen Bedingungen dreidimensional ausdehnen? Wie kann die Andromeda-Galaxie mit über 600 km/sec auf unsere Milchstraße zustürzen, wo sie sich doch wie jeder andere anständige Himmelskörper nach dem Urknall von uns zu entfernen hat? Es ist schlicht ein Skandal, dass das Universum nicht bereit ist, den Vorgaben unserer Eliten zu folgen.

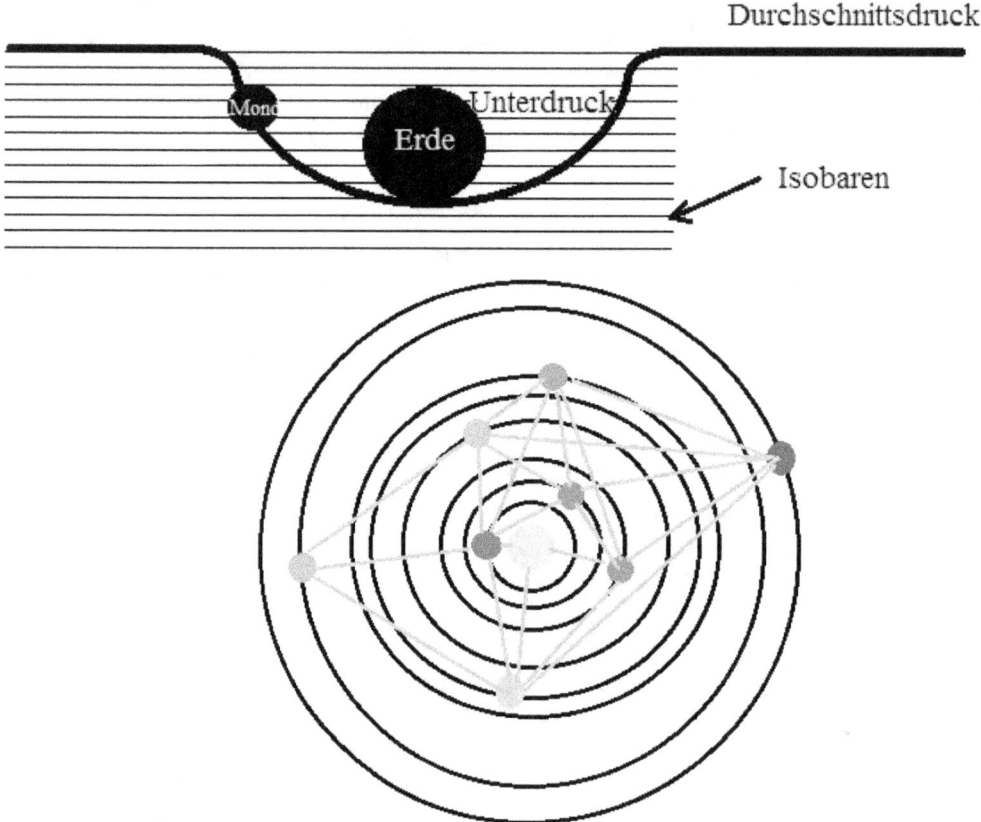

Skizze des Sonnensystems. Die hellgrauen Striche sollen die vielen wechselseitigen Schwerkraftfelder untereinander zwischen der Sonne und den Planeten symbolisieren. Diese Wechselwirkungen lassen sich nicht mit einem aufgespannten zweidimensionalen Gummituch simulieren. Dagegen könnte man die unterschiedlichen Kraftfelder problemlos durch Isobaren-Linien in Form einer Isobaren-Karte darstellen.

Einstein beschreibt mit der Krümmung des Raumes die Hoch- und Tiefdruckgebiete, die durch die gegenseitige Beschattung der Himmelskörper entstehen. Es handelt sich folglich um einen mathematischen Raum für seine Berechnungen, der mit dem Raum unserer Anschauung nichts zu tun hat. Mathematisch besteht folglich ein Mehrkörperproblem, das Vorhersagen unmöglich macht. Dieser Sachverhalt macht allerdings nachvollziehbar, warum in der Vergangenheit auch kurzzeitige Erderwärmungen bzw. Abkühlungen des Erdklimas möglich waren und warum ein nachweisbarer CO_2 Anstieg erst über 800 Jahre nach dem Temperaturanstieg nachgewiesen werden konnte. Der CO_2 Anstieg war also die Folge und nicht die Ursache der Klimaerwärmung.

Diesen Sachverhalt können die Vertreter der theoretischen Physik nicht akzeptieren, weil sie einen Äther, also ein Medium, welches das gesamte Weltall durchdringt, leugnen. Ansonsten würde jeder ersehen können, dass unterschiedliche Hoch- und Tiefdruckgebiete, wie man sie aus der Meteorologie kennt, bestimmen, in welcher Position sich die gegenseitig „beschattenden" Objekte zueinander verhalten. Da der Äther zwar die Atomhüllen durchfluten kann, aber an den Quarks reflektiert wird, entstehen wie beim

Casimir-Effekt hinter diesen Quarks und damit zwischen den jeweiligen Objekten Unterdruckgebiete und die Objekte nähern sich auf Grund des größeren Druckes von außen der Umgebung an. Mit der viel beschworenen Anziehungskraft hat das nicht das Geringste zu tun.

1956 entwickelte eine russische Forschungsgruppe von Boris W. Derjaguin, ein Experiment zum Nachweis quantenphysikalischer Effekte. Bei dem als **Casimir-Effekt** bezeichneten Versuch bewirkt eine Kraft, dass zwei eng beieinander stehende dünne, parallele und nicht leitfähige Platten im Vakuum aufeinander zugedrückt werden. In letzter Zeit wurde der Casimir-Effekt auch erfolgreich im Bereich des absoluten Nullpunktes nachgewiesen, was einen Außendruck durch Wellen bzw. Grundfluktuationen, wie es Hawking vermutet, ausschließt, da es im Bereich des absoluten Nullpunktes keine Wellen bzw. Fluktuationen gibt. Interessant ist in diesem Zusammenhang, dass es keinen Druckunterschied zwischen den Platten gibt, unabhängig davon, ob der Versuch im Temperaturbereich des absoluten Nullpunktes durchgeführt wird oder bei höheren Temperaturen. Würden Wellen eine Rolle spielen, wie die Physiker behaupten, müsste sich bei höheren Temperaturen der Druck auf die beiden Plättchen verändern. Beim Casimir-Effekt durchdringen zwar die offiziell geleugneten Ätherteilchen problemlos die Atomhüllen der Atome, aus denen die Plättchen bestehen, prallen aber an den kompakten Quarks der Atomkerne ab, so dass zwischen den Platten ein Unterdruck, ein „Ätherdefizit", entsteht. Man braucht also nur bei Hawkings Ausführungen die Worte „Energie" und „Energiedichte" durch „Äther" und „Ätherdichte" zu ersetzen.

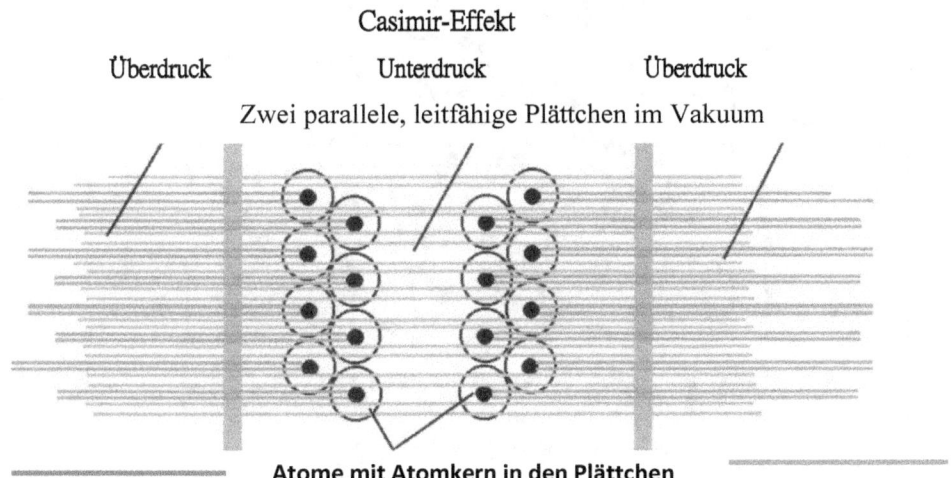

In dieser Skizze sind Atomkerne und Atomhülle nicht maßstabsgerecht widergegeben. Die Atomhülle ist in Wirklichkeit 10^4mal größer als der Atomkern.

An dieser Stelle möchte ich mit Nachdruck darauf hinweisen, dass die Gravitationskraft keine Anziehungskraft ist, wie offiziell gelehrt wird, sondern vielmehr das Ergebnis eines Druckausgleiches zwischen zwei oder mehreren Körpern, die unterschiedlich groß, eine unterschiedliche Masse haben, unterschiedlich weit voneinander entfernt sind und unterschiedliche Geschwindigkeiten haben. Dabei schirmen sie sich je nach Atommenge und Atomdichte gegen den Ätherdruck unterschiedlich ab. Dieser Sachverhalt führt zu der von den Astrophysikern falsch interpretierten unterschiedlich starken „Anziehungskraft", als Folge des Unterdruckes zwischen den sich gegenseitig beschattenden Objekten. Um es noch einmal zu wiederholen.

Was das Barometer zur Bestimmung unseres Atmosphärendruckes, das ist die „Masse" zur Bestimmung des jeweiligen Ätherdruckes.

Da sich die Positionen der betroffenen Objekte stetig ändern, „fallen" diese Körper sozusagen dauernd umeinander und bilden so ihre entsprechenden Umlaufbahnen entlang der Linie, an der kein Druckunterschied bei der Fortbewegung der Objekte besteht. Der von Einstein beschriebene fiktive Trichter ist also nichts anderes, als das jeweils betroffene Ätherunterdruckgebiet, das sich durch Isobaren entsprechend genau in Form einer Isobaren-Karte, wie bei Wetterberichten, beschreiben und darstellen lässt. Zudem hat diese Interpretation der Relativitätstheorie von Einstein den Vorteil, dass man keine Probleme damit hat, sich mehr als drei Dimensionen vorzustellen zu müssen.

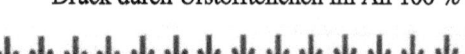

Druck durch Urstoffteilchen im All 100 %

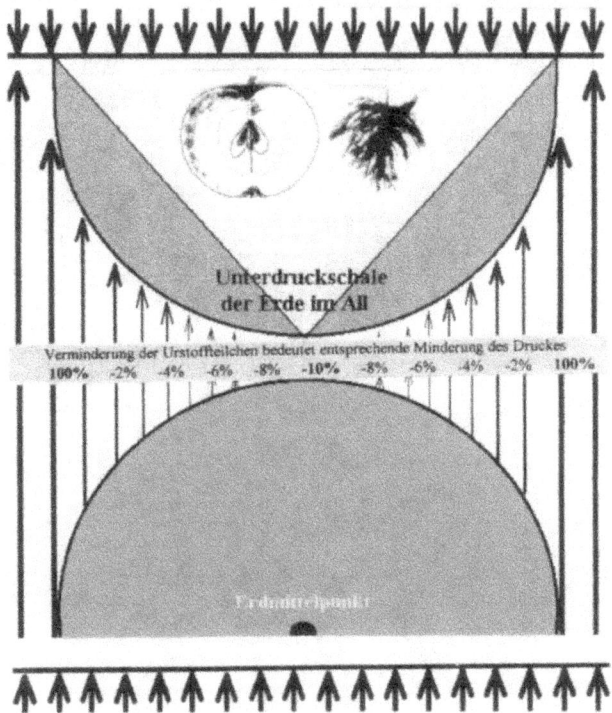

Die Stärke der Pfeile soll die Druckunterschiede verdeutlichen.

Die Stärke der Pfeile soll die Druckunterschiede verdeutlichen.

Raum ist eine Illusion, die Menschen wie Tieren vermittelt, dass es getrennte Objekte gibt, die in bestimmten Abständen zu einander stehen. Indem die Abstände zueinander verglichen werden, bilden sich Maßstäbe und indem die Dauer gemessen wird, die man benötigt, um die jeweiligen Abstände zu überwinden, bildet sich der Zeitbegriff. Die Verhaltensforscher haben festgestellt, dass sich beim Menschen das Gefühl für Raum und Zeit über das Krabbeln der Kleinkinder bildet und erst mit etwa 12 Jahren voll entwickelt ist. Einen weiteren eindrucksvollen Beweis lieferten ungewollt Tierschützer, als sie Hühner aus Käfighaltung befreiten. Die armen Tiere, die sich aus Platzmangel seit ihrem Schlupf nicht von der Stelle rühren konnten und zu Eier legenden Tierautomaten missbraucht worden waren, die vorne Futter aufnehmen und hinten Eier ausstoßen, diese armen Kreaturen waren nicht in der Lage, sich in Freiheit zu bewegen, weil sie als Küken nie laufen und so den Raum erfahren konnten, blieben die entsprechenden Vernetzungen im Gehirn aus.

Die Zeit wird heute mit Uhren gemessen. Auf diese Weise entstehen die räumlich-zeitlichen Entfernungen im Sinne der Physik, die als Dimensionen in die Mathematik Eingang gefunden haben. Als Bergwanderer findet man häufig den Hinweis, dass es noch etwa so und so viele Stunden bzw. Minuten bis zum Zielort sind, während im Flachland eine Entfernungsangabe in Kilometern angegeben wird.

Dies darf jedoch nicht dazu verführen, als Konsequenz unstrittig bewährter mathematischer Vorgehensweise den abstrakten mathematischen Raum-Zeit-Begriff als real existierenden vierdimensionalen Raum zu begreifen. Auch treibt die Zeit keine Prozesse voran. Der Umkehrschluss ist richtig: Wenn Prozesse schneller ablaufen, ist die Dauer dieser Prozesse kürzer. Die Zeit als Messgröße wird dadurch weder langsamer noch schneller. In beiden Fällen handelt es sich um unveränderliche Mess- und Eichgrößen, die für mathematische Operationen innerhalb des jeweiligen Systems unverzichtbar sind und auf die Bezug genommen wird. So wurde der „Urmeter", als Abstand zweier eingeritzter Linien auf einem x-förmigen Platin-Iridium-Stab der unter genau definierten Bedingungen gelagert wurde, festgelegt.

Seit 1983 wird 1 Meter als die Länge der Strecke, die das Licht im Vakuum während des Zeitintervalls von 1/299792458 Sekunden durchläuft, definiert. Der statische Platin-Iridium-Stab ist also genau so lang wie der Raum-Zeit-Meter. Letzterer ist zwar einige Größenordnungen genauer, hat aber die gleiche Dimension. Das Gleiche gilt für die Zeitmessung. Die Basiseinheit des Internationalen Einheitsystems ist die Sekunde. Sie ist definiert als das 9 192 631 770fache der Periodendauer der dem Übergang zwischen den beiden Hyperfeinstrukturniveaus des Grundzustandes von Atomen des Nuklids ^{133}Cs entsprechenden Strahlung. Diese Definition gilt allerdings nur für die Bedingungen auf unserem Planeten. Schon bei Satelliten, die unseren Planeten umkreisen, ist diese Periodendauer anders, so dass diese Satelliten immer wieder auf unsere „Erdzeit" abgeglichen werden müssen. Schon Differenzen von 1/1000 Sekunde führen zu Abweichungen von 300 Kilometern, was eine Navigation von Raumschiffen oder Positionsbestimmung von Flugzeugen oder Schiffen unmöglich machen würde.

Die Bedingungen, die für die Eichgröße gelten, müssen also exakt vorgegeben werden und gelten nur innerhalb des jeweiligen Bezugsystems. Es ist deshalb nicht richtig, wenn Einstein davon ausgeht, dass eine absolute Zeitmessung nicht möglich ist. Man muss lediglich die Bedingungen eines Systems kennen, um sagen zu können, wie lange eine Sekunde des jeweiligen Systems im Vergleich zu unserem Planeten ist. Das Gleiche gilt für ein Längenmaß.

> Als absolute Eichgröße für den gesamten Kosmos kann man den Wert der Hintergrundstrahlung benutzen.

Die Hintergrundstrahlung

Der dritte Hauptsatz der Wärmelehre besagt: Die Entropie eines festen, flüssigen oder gasförmigen Stoffes hat am absoluten Nullpunkt den Wert null. Das heißt, der absolute Nullpunkt ist prinzipiell nicht erreichbar.

Wäre es anders, würde es das Universum und uns erst gar nicht geben, denn wo sich nichts bewegt, kann sich nichts ändern. Der dritte Hauptsatz der Wärmelehre wird auch als Nernstsches Wärmetheorem bezeichnet. Die hierauf bezogene Temperatur wird absolute Temperatur genannt und beträgt - 273,16 Grad Celsius bzw. 0 Kelvin. Ein Objekt, das keinerlei kinetische Energie besitzt, kann folglich weder eine Temperatur von 10^{32} Grad haben, noch explodieren oder strahlen, egal wie groß oder klein es ist. Ganz davon abgesehen, dass nur Atome Photonen abstrahlen können, die es jedoch nach der Urknalltheorie am Anfang noch gar nicht gab. Außerdem entfernen sich Photonen bekanntlich mit Lichtgeschwindigkeit. Sie verlassen also den Ort ihrer Entstehung und halten sich nicht in seinem Bereich auf. Die Ausdehnung des Universums soll aber wesentlich langsamer als mit Lichtgeschwindigkeit erfolgen. Das bedeutet, dass die fiktiven Strahlen von einst heute gar nicht mehr nachgewiesen bzw. gemessen werden können, da sie schon längst in den Weiten des Alls verschwunden wären. Darüber hinaus ist es eine durch nichts zu begründende Behauptung, dass Materie bzw. etwas Stoffliches unendlich dicht komprimiert werden kann. Auch die Quantenphysik steht dieser Behauptung im Wege.

Es stellt sich deshalb die Frage: Wie kann etwas, das aus einem Zustand unendlicher Dichte hervorgeht, endlich sein und wo kommt die Energie für die behauptete Entstehung und Expansion des Universums her? Zudem kann man nach Explosionen, auch wenn man sich noch so weit vom Geschehen befindet, das Zentrum des Explosionsherdes orten. Man denke in diesem Zusammenhang an die Ortung von Erdbeben.

Anfang des 21. Jahrhunderts bestätigten sich die Astronomen nach noch genaueren Vermessungen der Hintergrundstrahlung gegenseitig, dass das Universum, wie bereits zuvor schon gelehrt, flach sein muss. Unwillkürlich wird man an die „Steinzeitastronomie" erinnert, als die Erde auch nur eine Scheibe war, aber ohne Inflation, sondern durch klaren Menschenverstand, den es in früheren Zeiten auch noch gegeben hat, zur Kugel umgeformt wurde. Aber das nur nebenbei.

Wenn das Universum wirklich flach wäre, dürfte die von den Vertretern der theoretischen Physik proklamierte Raumzeit nur dreidimensional sein, denn neben Länge und Breite würde man dann nur noch die Zeit als dritte Dimension für die jeweiligen Berechnungen benötigen. Der frühere Lehrer von Einstein, der deutsche Mathematiker Hermann Minkowski, kam nach dem Studium der speziellen Relativitätstheorie seines Schülers zu dem Schluss, dass es sinnvoll ist, die Zeit graphisch neben Länge, Breite und Höhe als vierte Dimension des Raumes darzustellen. Dieses Konzept der Raumzeit wurde von Einstein übernommen. Es beruht auf der häufig praktizierten perspektivischen Darstellungsform, die es erlaubt, Raumereignisse wie die Bahn eines Planeten um die Sonne in einem Koordinatensystem mit den zwei Achsen x und y abzubilden. Um jedoch das gleiche Ereignis in der Zeit darzustellen, benötigte man eine weitere Koordinate t. Minkowski verzichtete auf die Raumkoordinate z, also auf die Höhe und ordnete sie einfach der Zeit t zu. Damit wurde aber die Vierdimensionale Raumzeit mathematisch zur dreidimensionalen Raumzeit „degradiert". Da die meisten Planeten die Sonne in oder nahe der Äquatorialebene umkreisen, ist dies ein vertretbarer Kompromiss. Diese Vorgehensweise ist jedoch unzulässig, wenn es um die Darstellung einer elastischen Struktur der Raumzeit geht. Man darf einfach nicht die Raumzeit als ein gespanntes Gummituch darstellen, dessen Konturen durch das Einwirken von Masse, also durch Planeten, Sterne und anderen Himmelskörper, verzerrt werden, denn Gravitationskräfte wirken nach allen Seiten, je nach Position der wechselwirkenden Himmelskörper zueinander. In der Realität ist es ja nicht so, dass grundsätzlich immer nur zwei Körper miteinander wechselwirken, sondern man hat es mit einem Mehrkörperproblem zu tun. Genau an dieser Stelle liegt der „punctus cnactus" der Einsteinschen Relativitätstheorie. Die meisten Theorien der Physik entstehen durch Induktion, also von unten nach oben: Beobachtungstatsachen bilden die Grundlage für weitere Schlußfolgerungen. Einsteins Relativitätstheorie wurde dagegen deduktiv entwickelt, also von oben nach unten, beginnend mit einem Gerüst mathematischer Theorien, deren

Aussagen erst später durch einzelne Beobachtungen mit der Realität verglichen wurden. Wo sie mit der Realität nicht übereinstimmten, dachte man sich Zusatzhypothesen aus. Dieser Weg von oben nach unten, so nützlich er sich auch in vielen Fällen erwiesen hat, ist immer dann sehr problematisch, wenn sich die Überlegungen nicht mit der Realität in Einklang bringen lassen. Unstrittig ist, dass die mathematischen Arbeitsmodelle zur Berechnung bestimmter Vorgänge zu hervorragenden Entwicklungen und Erkenntnissen auf allen technischen Gebieten geführt haben. Man hat auch übersehen, dass mathematische Problemlösungen von genau definierten Vorgaben abhängen und deshalb weder auf offene dynamische Prozesse übertragen und angewendet werden können, noch verallgemeinert werden dürfen. Entscheidend ist, dass die jeweiligen Vorgaben genau definiert und formal richtig sind. Deshalb spricht man auch von der Mathematik als der „Wissenschaft von den formalen Systemen". Dies ist der Grund, weshalb man gewonnene Ergebnisse bzw. Erkenntnisse nicht verallgemeinern darf und mit der Realität abgleichen muss.

Ungeachtet dieser Einwände sind die drei Raumdimensionen des Weltalls nach offizieller Lehre nicht gekrümmt - sondern gerade. Da diese Behauptung aber mit etlichen Beobachtungen nicht in Einklang zu bringen ist, wurde als Hilfshypothese eine sogenannte Inflations-Theorie formuliert, nach der sich das Universum direkt nach dem Urknall in extremer Weise so stark ausgedehnt haben soll, dass jede Raumkrümmung quasi glattgebügelt wurde. Realitätsferner geht es wirklich nicht. Dabei ist zu bewundern, dass diese angebliche extreme Ausdehnung innerhalb des Bruchteiles einer Sekunde stattgefunden haben soll und zwar in der Zeitspanne zwischen 10^{-42}stel und 10^{-30}stel Sekunde. Nach welchen unbekannten physikalischen Gesetzen eine derartig schlagartige Beschleunigung und anschließende Abbremsung in so kurzer Zeit erfolgt sein soll und welche unbekannte Energie die Inflation einst angetrieben haben soll, wissen die Astronomen allerdings selber nicht. Sie stellen nur fest, dass sie die weitere Entwicklung des Universums gut beschreiben können, wenn sie voraussetzen, dass es am Anfang eine Art kosmische Aufblähung gegeben hat, die das Universum in Bruchteilen einer Sekunde derart extrem ausgedehnt hat.

Darüber hinaus kollidieren die Anhänger des Urknalls mit ihrer Inflationstheorie mit der anderen esoterischen Theorie der Zeitreisen, denn in der Inflationsphase wäre ja zwangsläufig der Urknall vor seiner Entstehung angekommen und niemand hätte erfahren, wie schizophren auf unserem Planeten Wissenschaft betrieben werden kann. Aber das nur nebenbei.

Die Hintergrundstrahlung ist aus allen Richtungen gleich stark und sie ist deshalb so gleichförmig, weil die strahlenden Objekte des Universums im großen Maßstab gleichförmig verteilt sind. Diese gleichförmige Strahlung der Himmelskörper wurde auch von den entsprechend ausgerüsteten Satelliten, den Aufnahmen einer Wärmekamera vergleichbar, aufgezeichnet.

Der Mikrowellenhintergrund entspricht dem Planckschen Strahlungsgesetz, wodurch ein direkter Zusammenhang zwischen Wellenlänge und Temperatur besteht. Die Hintergrundstrahlung entspricht einer Schwarzkörper-Strahlung von 2,725 K (Hohlraumstrahlung). Die Abweichung von der Planckschen Strahlungskurve beträgt lediglich ein tausendstel Prozent.

Man könnte folglich unter Berücksichtigung der Temperatur des Eichinstrumentes, des Einflusses der Schwerkraft - oder in einem schwerelosen Zustand - die Strahlung des Nuklids ^{133}Cs als Eichgröße bestimmen und als kosmischen Zeittakt verwenden.

Diese Uhr würde sich dadurch auszeichnen, dass sie sich eindeutig von jedem Bezugssystem aus ablesen lässt, und jeder Beobachter den selben Wert messen würde. Man hätte somit eine kosmische Zeit, die in jedem Bezugssystem auch eingerichtet werden könnte.

Die gleichmäßige Hintergrundstrahlung ist somit ein letztes Lebenszeichen, bevor die Photonen zerfallen. Dass dies der Realität entspricht und keineswegs ein Hirngespinst ist, geht auch aus der Tatsache hervor, dass bei schwarzen Strahlern der Schwellenwert für Strahlung über 2,725 Grad Kelvin liegt. Atome im Grundzustand können nicht strahlen. Um sie anzuregen, muss die Energiedifferenz ΔE zwischen dem ersten Energiewert oberhalb des Grundzustandes und dem des Grundzustandes zur Verfügung stehen. Z. B.

Temperaturbewegung durch Stöße. Die Energie ist also erst bei einer Temperatur T merklich vorhanden, wenn $kT \gtrsim \Delta E$ ist. (k Boltzmannsche Konstante). Ist die Temperaturen unter 2,725 Grad Kelvin kann kein Objekt mehr Strahlen aussenden. Das bedeutet, dass sich Photonen spätestens bei Werten unter 2,725 Kelvin nicht mehr existent sind.

Bei der Hintergrundstrahlung handelt es sich um ein Hintergrundrauschen, das durch die Strahlung aller leuchtenden Himmelskörper erzeugt wird und weil das Universum im großen Maßstab gleichförmig aussieht, ist auch die Strahlung gleichförmig. Bereits 1896 hatte C. E. Guillaume mit Hilfe des Stephan-Boltzmann Strahlungsgesetzes eine Temperatur für das Universum zwischen 5 und 6 Kelvin berechnet. 1926 hatte der englische Astronom Sir Arthur Stanley Eddington eine Temperatur von 3,18 Kelvin als Wärmeenergie des gleichmäßig verteilten Lichtes aller Sterne im Kosmos errechnet. Die Formulierung: „Gleichmäßig verteiltes Licht aller Sterne im Kosmos" besagt eindeutig, dass es sich um einen aktuellen Wärmeaustausch zwischen allen Sternen handelt. Eddington soll gesagt haben, dass alle Himmelskörper im Sternenlicht bei 3 Kelvin, also bei etwa -270°C baden. Auf die Idee, dass es sich bei dieser Hintergrundstrahlung um das Echo eines fiktiven Urknalls handeln könnte, kam zunächst niemand. 1933 ermittelte E. Regener ebenfalls mit Hilfe des Stefan-Boltzmannschen Strahlungsgesetzes eine Temperatur von 2,8 Kelvin. Alle diese Physiker waren allein vom Licht aktuell bestehender Sterne ausgegangen. Auch sie waren damals nicht auf die Idee von einer Hintergrundstrahlung eines fiktiven Urknalls gekommen.

Unabhängig von den Berechnungen von Eddington postulierten Alpher, Gamow und Herman auf Grund von Berechnungen im Universum ein gleichförmiges Strahlungsfeld. Indirekte Messungen durch angeregte Zustände interstellarer Moleküle gelten als Beweis, dass Photonen diese Hintergrundstrahlung bilden. Photonen verlassen jedoch mit Lichtgeschwindigkeit den Ort ihrer Entstehung und können nach 13,8 Milliarden Lichtjahren mit Sicherheit auch nicht als Relikte des Urknalls gelten bzw. nachgewiesen werden. Ganz davon abgesehen, dass Photonen, wie ich wiederholt betont habe, nur von Atomen erzeugt werden können und die entstanden erst nach dem fiktiven 10^{32} Grad heißen Urknall. Aus diesem Grunde konnte es zum Zeitpunkt des Urknalls auch gar nicht gleißend hell gewesen sein.

Wenn aber etwas, wie die Kosmologen behaupten, aus einem formalen Punkt unendlicher Dichte entstanden sein soll, dann fragt man sich schon, wie schnell sich die damaligen, wie auch immer gearteten Teilchen bewegen mussten, um bei derart extrem hohen Temperaturen während der sogenannten Inflationsphase entsprechend beschleunigt und sofort wieder im gleichen Maße abgebremst zu werden.

Einfach zu behaupten, dass zu diesem Zeitpunkt die physikalischen Gesetze noch keine Gültigkeit hatten, ist keine wissenschaftliche Vorgehensweise, sondern schlicht eine Frechheit. Außerdem müsste nach diesen Behauptungen der Urknall noch immer andauern, denn unendlich ist die Bezeichnung für das Endlose, in dem alle Phänomene angesiedelt sind und deren Ende nicht gedacht werden kann. Da ist es gut zu wissen, dass sich Kosmologen oft irren, aber niemals an sich und ihren Erkenntnissen zweifeln!

Nach Prof. Paul Seidel, Leiter der Arbeitsgruppe Tieftemperaturphysik an der Universität Jena und Dr. Friedrich Kupka vom Max-Planck-Institut für Astrophysik in Garching wird der Hochtemperaturrekord im heutigen Universum von Sternexplosionen, den so genannten Supernovae, gehalten. Bei einer Supernova, an deren Ende der Stern zu einem Neutronenstern wird, treten Temperaturen von bis zu 500 Milliarden (10^{11}) Kelvin auf. Zum Vergleich: Für den fiktiven Urknall wurde eine Temperatur von 10^{32} Kelvin errechnet. Das waren halt noch Zeiten, damals, als die Naturgesetze angeblich noch keine Gültigkeit hatten.

Eine unendliche Dichte der Materie ist ebenso unrealistisch wie ein Volumen Null, denn etwas Stoffliches kann nicht unendlich dicht komprimiert werden und das Volumen Null haben. Das verbietet nicht nur der gesunde Menschenverstand sondern auch die Quantenphysik.

Der weltberühmte britischer Astrophysiker und theoretische Physiker Stephen Hawking schreibt in seinem Bestseller: „Eine kurze Geschichte der Zeit" auf der Seite 149, dass die Temperatur in einem Schwarzen

Loch im Bereich des absoluten Nullpunktes liegt, stellt aber gleichzeitig zum Urknall fest, dass nach seiner Auffassung das Universum zum Zeitpunkt des Urknalls die Größe Null hatte und unendlich heiß war.

Da fragt man sich doch unwillkürlich, warum die Temperatur in einem Schwarzen Loch im Bereich des absoluten Nullpunktes liegt, aber die Temperatur zum Zeitpunkt des Urknalls unendlich heiß war. Schließlich ist unstrittig, dass es im Universum zahlreiche Schwarze Löcher gibt, deren Materie zum Zeitpunkt des Urknalls aus demselben Punkt hervorgegangen sein soll.

Frei nach Newton möchte ich deshalb klar stellen, dass diese oben erwähnten Behauptungen *„für mich eine so große Absurdität sind, dass ich glaube, kein Mensch, der eine in philosophischen Dingen geschulte Denkfähigkeit hat, kann sich dem jemals anschließen."* Das bedeutet aber nicht, dass so renommierte Einrichtungen wie das Nobelpreis-Komitee wiederholt den Nobelpreis für unrealistische Arbeiten auf dem Gebiet der Astronomie vergeben haben und damit seriöse Forscher mit gesicherten Ergebnissen in das Abseits zu stellen versuchten.

Wenn es aber keinen Urknall gab, hätte man sich auch die Suche nach den Higgs-Teilchen ersparen können, denn ohne Urknall braucht man diese Higgs-Teilchen nicht und auch keine entsprechend kostenintensiven Einrichtungen zu deren Nachweis. Aber man hatte die gutgläubige Öffentlichkeit, die ja schließlich diesen ganzen Unfug bezahlen muss, bereits dermaßen indoktriniert, dass es am 4. Juli 2012 zu einem echten Medienhype kam. Die Weltpresse verkündete in großen Aufmachern, dass die Physiker am Kernforschungszentrum CERN eine wissenschaftliche Sensation feiern. Angeblich hatten sie endlich das lange gesuchte Higgs-Boson gefunden, das anderen Teilchen Masse verleihen soll. So wurde dies wenigstens in allen Medien berichtet. Spiegel online, Mittwoch, 04.07.2012 – 10:11 Uhr : *„Higgs-Boson: Cern gibt Entdeckung von Teilchen am LHC bekannt: Physiker feiern Durchbruch bei der Gottesteilchen-Suche. Physiker am Kernforschungszentrum Cern sind euphorisch, feiern eine wissenschaftliche Sensation: Sie haben ein neues Elementarteilchen aufgespürt, bei dem es sich vermutlich um das lange gesuchte Higgs-Boson handelt. Sein Feld verleiht anderen Teilchen ihre Masse."* Ende des Zitates.

In Wirklichkeit glaubte man aus verschiedenen Werten ein Higgs-Teilchen zusammensetzen zu können. Wie soll aber ein Teilchen elementar sein, wenn man es erst zusammensetzen muss? Man gestand allerdings ein, dass zwar der Nachweis in zwei wichtigen Kanälen gesehen wurde, schränkte aber gleichzeitig ein: *„Das Teilchen zerfällt in zwei Photonen oder in ein Z-Boson und ein virtuelles Z-Boson. Für einen hundertprozentigen Nachweis reichten diese beiden Kanäle aber nicht aus, da laut Standardmodell das Higgs-Boson beispielsweise auch in ein Elektronen-Positronen-Paar oder in Fermionen zerfallen kann. Diese anderen Zerfallsprodukte müssen wir noch nachweisen - dazu brauchen wir noch mehr Messdaten."* Ein anderer Physiker am Cern sagte: *„Als Laie würde ich sagen, wir haben das Higgs, als Wissenschaftler brauche ich den letzten Beweis. Es seien weitere Daten nötig, um 100 Prozent sicher zu sein."*

Die Zuhörer im CERN-Hörsaal und die Teilnehmer einer der größten Teilchenphysik-Konferenzen dieses Jahres, der 36th International Conference on High Energy Physics (ICHEP 2012) im australischen Melbourne, die diese Verlautbarung verfolgten, waren von der exzellenten Qualität der Daten begeistert, die ungekürzt im Internet übertragen wurden, und feierten mit Standing Ovations und Tränen der Rührung diesen historischen Augenblick der Teilchenphysik. Ein erschreckender Vorgang, wenn tausende hochqualifizierter Fachleute derart manipuliert werden können, kann es einem Angst und Bange werden. Ganz offensichtlich können die Medien bereits teilweise globale Einheitsmeinungen durchsetzen.

Auch Bundesforschungsministerin Annette Schavan hatte nichts Wichtigeres zu tun, als den CERN-Wissenschaftlerinnen und -Wissenschaftlern mit folgenden Worten zu etwas zu gratulieren, was keineswegs abgesicherte wissenschaftliche Erkenntnis ist. *„Die Suche nach den Higgs-Teilchen hat nun fast 50 Jahre gedauert, aber nun könnte die Entdeckung gelungen sein. Die Ausdauer und Neugier der Wissenschaftler wurde belohnt. Ich gratuliere den beteiligten Arbeitsgruppen herzlich zu dieser wissenschaftlichen Sensation."* Zitat Ende.

Frau Schavans Begeisterung ist nicht sonderlich verwunderlich, da sie solche Pressemeldungen vermutlich dringend benötigte, um die riesigen Fehlinvestitionen an Steuergeldern zu rechtfertigen. Schließlich ist das Forschungsministerium der Bundesrepublik Deutschland nach eigenen Angaben der größte CERN-Förderer. Es zahle jährlich rund 180 Millionen Euro und damit etwa 20 Prozent der Mitgliedsbeiträge des CERN-Haushaltes. Außerdem stammen aus Deutschland auch viele Bauteile der Teilchendetektoren. Nach Desy-Angaben sind mehr als 700 deutsche Wissenschaftler an den beiden Experimenten Atlas und CMS beteiligt.

Der Mikrowellenhintergrund erfüllt die Voraussetzungen des Planckschen Strahlungsgesetzes, wodurch ein direkter Zusammenhang zwischen Wellenlänge und Temperatur besteht. Die Hintergrundstrahlung entspricht einer Schwarzkörper-Strahlung von 2,725 Kelvin (Hohlraumstrahlung). Die Abweichung von der Planckschen Strahlungskurve beträgt lediglich ein tausendstel Prozent. Die Wissenschaftler Guillaume, Eddington, Regner u. a. errechneten mit Hilfe des Stefan-Boltzmannschen Strahlungsgesetzes Werte, die schon sehr nahe an dem heutigen Wert liegen. Sie berechneten die Strahlung aller leuchtenden Himmelskörper, um die Grundtemperatur des Universums zu bestimmen und lagen alle sehr nahe am Idealwert. Die erste Vorhersage über die Temperatur der Strahlung aus dem intergalaktischen Raum wurde bereits 1896 von C. E. Guillaume gemacht und 1926 durch Eddington und 1933 durch Erich Regner bestätigt. Auf die Idee, dass man eine Reststrahlung von einem Fiktiven Urknall errechnet hatte, der vor 13,8 Milliarden Jahren stattgefunden haben soll, kamen erst in den 1940ern George Gamow, Ralph Alpher und Robert Hermann. Während alle drei weiter oben genannten Physiker allein vom Sternenlicht ausgingen und gute sowie gleiche Werte errechnet hatten, ging George Gamow, auf Grund seiner Untersuchungen über die primordiale Nuklearsynthese, die die Entstehung sämtlicher Elemente aus dem Urknall postuliert, bei seinen Berechnungen von dem „Nachglühen" einer Weltraumtemperatur nach dem Urknall aus. Er errechnete nicht nur eine viel zu hohe Temperatur von 50 Kelvin, die er aber, nachdem Penzias eine Hintergrundstrahlung von etwa 3 Kelvin gemessen hatte, auf 2,7 Kelvin angepasst haben soll. Man weiß auch heute, dass nur Wasserstoff, Helium, Lithium und Beryllium am Anfang der Materieentstehung gebildet werden und nicht, wie von Gamow behauptet, alle Elemente im frühen Universum entstanden sind. Alle schwereren Elemente wurden zu einem späteren Zeitpunkt in den Sternen und den Supernovae „erbrütet".

Stephen Hawking beschreibt in seinem Bestseller von 1988, „Eine kurze Geschichte der Zeit. Die Suche nach der Urkraft des Universums" Seite 61 die damalige Situation wie folgt: *„Penzias und Wilson stießen also unabsichtlich auf ein Phänomen, das die erste Friedmannsche Annahme exakt bestätigt.*
Ungefähr zur gleichen Zeit begannen sich auch Bob Dicke und Jim Peebles, zwei amerikanische Physiker an der nahe gelegenen Princeton University, für Mikrowellen zu interessieren. Ausgangspunkt ihrer Arbeit war eine Hypothese von George Gamow (einem ehemaligen Schüler Alexander Friedmanns), nach der das frühe Universum sehr dicht und sehr heiß – weißglühend – gewesen sei. Dicke und Peebles meinten, wir müssten diese Glut des frühen Universums noch sehen können, weil das Licht sehr ferner Teile des Universums uns erst jetzt erreiche. Infolge der Expansion des Universums sei dieses Licht aber so stark rotverschoben, dass es als Mikrowellenstrahlung bei uns eintreffe. Sie machten sich auf die Suche nach dieser Strahlung. Als Penzias und Wilson von dem Projekt ihrer beiden Kollegen erfuhren, fiel es ihnen wie Schuppen von den Augen: Die Strahlung war bereits entdeckt – und sie selbst waren die Entdecker! Dafür erhielten sie 1978 den Nobelpreis (was Dicke und Peebles gegenüber ein bisschen ungerecht erscheint, von Gamow ganz zu schweigen). Ende des Zitates.

Warum sich bei dieser Sachlage die Kosmologen für Gamow und gegen Guillaume, Eddington und Regner entschieden haben und noch bis heute auf diesem Irrtum von Gamow beharren, um das Universum zu erklären, ist eine der vielen nicht nachzuvollziehenden Vorgehensweisen einer Forschung, bei der die Theoretiker das Sagen haben. Deshalb spotten nicht wenige Menschen: „Kosmologen irren oft, aber zweifeln niemals an sich und ihren Erkenntnissen!"

Von unumstößlicher Gültigkeit sind dagegen die beiden Feststellungen von Sir Arthur Stanley Eddington:

- *Bis zu den Sternen und darüber hinaus ist die Welt mit Äther erfüllt. Er durchdringt die Räume zwischen Atomen. Äther ist überall. Es gibt keinen Raum ohne Äther und keinen Äther, der keinen Raum einnimmt.*
- *Die Mathematik ist nicht da, solange wir sie nicht da hinstellen.*

Von mir wäre noch zu ergänzen, dass der Äther, wie die gesamte Materie, sich in je drei unterschiedliche Phasenzustände umwandeln kann. Siehe Selbstähnlichkeitsprinzip aus der Chaosforschung. Was in der Materie, gasförmig, flüssig und fest erscheint, ist beim Äther gasförmig, amorph, in Form von Feldern, und massiv, in Form von Quarks und Antiquarks, die alle Atome aufbauen und so unsere Materie entstehen lassen.

Das Problem mit der theoretischen Physik ist vor allem, dass mathematisch exakt definierte Vorgehensweisen mit bestimmten definierten Werten und Vorgaben zur Lösung ganz bestimmter Fragestellungen eingesetzt werden können. Das bedeutet aber auch, dass man durch jeweils vorgegebene Werte auf gewünschte Ergebnisse hinrechnen kann und so einer breiten Öffentlichkeit die unsinnigsten Ergebnisse vorrechnet, um sie dann als Tatsachen zu „verkaufen". Man braucht folglich nur eine Behauptung aufstellen, um sie anschließend scheinbar durch geeignete Vorgaben mathematisch zu beweisen. So entwickelte schon vor über 2500 Jahren Zenon von Elea eine überaus scharfsinnige und überzeugende Kunst der Beweisführung. Aristoteles bezeichnete Zenon von Elea sogar als Erfinder der Kunst des Argumentierens.

„Zenons Paradoxien", die eine logische Begründung der Lehre des Parmenides versuchen, wurden berühmt und so mancher Gelehrte befasste sich ernsthaft mit der Lösung dieser Paradoxien. Die bekanntesten sind der Trugschluss von Achilles und der Schildkröte, sowie die damit verwandten Trugschlüsse des Nicht-ans-Ziel-kommen-Könnens (Teilungsparadoxon) und des Nicht-Weglaufen-Könnens sowie das Pfeil-Paradoxon. Zenon von Elea versuchte seinen erstaunten Landsleuten mathematisch zu beweisen, dass selbst Achilles nicht in der Lage ist eine Schildkröte zu überholen, wenn man ihr einen kleinen Vorsprung gibt: *„Jede Entfernung"*, so seine Argumentation, *„die ein bewegtes Objekt zurückzulegen hat, lässt sich durch fortgesetztes Halbieren (1/2; 1/4; 1/8 und so weiter) in unendlich viele Teilabstände zerlegen, wobei immer ein Abstand, also ein Wegstück übrig bleibt, das noch zurückzulegen ist, wie klein es auch immer sei."*

Das unsinnige und unrealistische Urknallmodell und die vierdimensionale Raumzeit sind ebenfalls das Ergebnis falscher Vorgaben und unverstandener Versuchsergebnisse. Die aktuellen Erkenntnisse zeigen, dass die Interpretationen jener Zeit so nicht mehr haltbar sind. Das Universum kennt weder einen Zollstock noch eine Uhr, also weder Raum noch Zeit. Es fehlt auch eine anerkannte Eichgröße als Bezugsquelle, um entsprechende Messungen vornehmen zu können. Das Universum ist eine dimensionslose Weite ohne Begrenzung, in der die unterschiedlichsten Bewegungen von Teilchen und Objekten mit unterschiedlichem Volumen und Geschwindigkeiten zwischen Null und im Bereich der Lichtgeschwindigkeit möglich sind und so den Platz für Objekte und ihre unterschiedlichsten Bewegungen bietet. Kurz, die Grenzbedingung des Kosmos ist, dass er weder eine Grenze noch Zeit kennt!

Als der Astronom Edwin Hubble 1929 entdeckte, dass die Spektralfarben entfernter Galaxien eine Farbverschiebung in Richtung zum Rot aufweisen, wurde diese Beobachtung als Doppler-Effekt, also als eine Verlängerung der Wellenlänge dieses Lichtes, erklärt. Diese Rotverschiebungen von Lichtspektren können durch ständige Vergrößerung des Abstandes von Lichtquelle und Beobachter entstehen und sind unstrittig. Aus dieser Spektrallinienverschiebung wurde auf ein sich ausdehnendes Weltall geschlossen. Im Umkehrschluss folgerte man, dass ein sich ausdehnendes Universum letztlich aus einem einzigen Punkt entstanden sein muss. Alles sollte aus einer einzigen, unendlich dichten Urmasse entstanden und auseinander geflogen sein.

Aus den gemessenen Entfernungen einer Vielzahl von Galaxien und den beobachteten und errechneten Ausdehnungsgeschwindigkeiten rechneten schließlich Hubble u. a. aus, wann das Weltall auf einen Punkt zusammengeschrumpft war. Die Zeitdauer bis dahin musste mit dem Entstehungszeitpunkt des Universums übereinstimmen. Dieser Zeitpunkt wurde als Big Bang bzw. Urknall bezeichnet und begründete die Urknalltheorie. Nach diesen Berechnungen entstand das Universum vor etwa 13,8 Milliarden Jahren. Aus einem gewaltigen Lichtblitz geboren, in dem die Materie erst in Form von Feldern und Elementarteilchen entstand. Erst nach 300.000 Jahren soll sich der Kosmos als Folge der Ausdehnung so weit abgekühlt haben, dass Atome von Wasserstoff, Helium und Spuren von Lithium entstehen konnten. Hubble u. a. waren offensichtlich nicht hinreichend mit Einsteins Relativitätstheorie vertraut, denn sonst hätten sie gewusst, dass Photonen der Schwerkraft unterliegen, was inzwischen durch zahlreiche Experimente auch eindeutig bewiesen ist. Wenn aber die Photonen der Schwerkraft unterliegen, so bedeutet das zwangsläufig, dass sie Energie verlieren, wenn sie sich gegen die Schwerkraft bewegen oder sich sogar der Schwerkraft entziehen und mit Lichtgeschwindigkeit durch das All jagen. Dieser Sachverhalt bedeutet aber, dass Photonen ermüden und schließlich erlöschen. Das ist auch der Grund, warum das sogenannte Olberssches Paradoxon gar kein Paradoxon, sondern das Ergebnis einer Fehlinterpretation ist. Wenn uns nicht alles Licht erreicht, kommt es eben zu einer Situation, wie wir sie Tag für Tag erleben. 1960 konnten schließlich R. V. Pound und G. A. Rebka die gravitative Rotverschiebung von Gamma-Strahlung im Gravitationsfeld der Erde nachweisen und damit gleichzeitig Einsteins Relativitätstheorie, die voraussagte, dass Photonen der Schwerkraft unterliegen, bestätigen.

Die Urknalltheorie – Ein Musterbeispiel konstruierter mathematischer Welten.

Die Urknalltheorie beruht auf drei Behauptungen.

1. der Relativitätstheorie von Albert Einstein, die unter anderem besagen soll, dass das Universum zum Zeitpunkt Null aus einem Zustand unendlicher Dichte hervorgegangen sein muss,
2. der von Edwin Hubble gemachten Entdeckung der Rotverschiebung der Spektrallinien im Licht weit entfernter Quasare und Galaxien, die als Doppler-Effekt gedeutet und so als Fluchtgeschwindigkeit dieser Objekte interpretiert wird und
3. der Entdeckung einer gleichmäßigen Hintergrundstrahlung im Mikrowellenbereich, die als schwacher Überrest eines fiktiven Urknalls interpretiert wird.

Die Urknalltheorie beschreibt das frühe Universum und seine zeitliche Entwicklung nach seiner angeblichen spontanen Entstehung. Nach dem kosmologischen Standartmodell soll dies vor etwa 13,8 Milliarden Jahren gewesen sein. Bei dieser Argumentation handelt es sich um einen klassischen Fehlschluss, denn die Anhänger dieser Theorie gehen von falschen Voraussetzungen aus. Wenn aber die Voraussetzungen falsch sind, kann das Ergebnis mathematischer Berechnungen nicht richtig sein. Eine wissenschaftliche Argumentation muss auf die Wahrheit abzielen und dauerhaft gültige und allgemein einsichtige Argumente beinhalten, denn von diesen Prämissen werden die konkreten Aussagen abgeleitet (deduziert), um bestimmte, ganz konkrete Ereignisse oder Sachverhalte zu erklären oder vorherzusagen. An der Urknalltheorie kann man deshalb beispielhaft zeigen, wie wirkungsvoll Scheinargumente sein können. Hier bestätigt sich die Feststellung des Literaturwissenschaftlers, Essayist und Aphoristiker Helmut Arntzen: *„Am gefährlichsten ist die Dummheit, die nicht der Ausdruck von Unbildung, sondern von Ausbildung ist."*

Mit dem „Urknall" versuchen die Vertreter der theoretischen Physik zu erklären, wie spontan aus einem formalen Punkt Materie, Raum und Zeit aus dem Nichts entstanden sind. So wurde von Vertretern der theoretischen Physik das mathematische kosmologische Modell eines expandierenden Universums entwickelt. Dieser Punkt wird erreicht, wenn man die Entwicklung zeitlich rückwärts bis zu dem Punkt betrachtet, an dem die zugrunde liegenden geltenden physikalischen Gesetze angeblich ihre Gültigkeit verlieren. Demnach muss bis kurz vor dem Urknall die Dichte des Universums die Planck-Dichte übertroffen haben, ein Zustand, der sich allenfalls durch eine noch unbekannte Theorie der Quantengravitation richtig beschreiben ließe, aber sicher nicht durch bestehende physikalische Theorien und geltende Naturgesetze. Die Planck-Einheiten bilden für Länge und Zeit eine Grenze, hinter der die bisher bekannten physikalischen Gesetze nicht mehr anwendbar sind, z. B. bei der theoretischen Aufklärung der Vorgänge vor und kurz nach dem Urknall. Daher gibt es in der heutigen Physik keine allgemein akzeptierte Theorie für das sehr frühe Universum.

Offensichtlich hatten alle an dem Unfug beteiligten Experten die Relativitätstheorie von Albert Einstein nicht gelesen oder nicht hinreichend verstanden, denn sonst hätten sie wissen müssen, dass die 1929 von Hubble entdeckten unterschiedlich starken Rotverschiebung der Spektren verschieden weit entfernter Galaxien nicht ausschließlich als Doppler-Effekt gewertet werden dürfen.

Niemand fragte sich, wie das mit Einsteins Relativitätstheorie in Einklang zu bringen ist, nach der Photonen der Schwerkraft unterliegen. Diese Vorhersage der Relativitätstheorie ist vielfach nachgewiesen worden und völlig unstrittig. Wenn aber etwas der Schwerkraft unterliegt, so muss es Energie aufbringen, wenn es sich gegen die Schwerkraft bewegt. Wenn aber Photonen Energie verlieren, kommt es ebenfalls zu einer Rotverschiebung ihrer Spektren, was man landläufig auch als „Ermüdung der Photonen" bezeichnet, was aber von den Teilchenphysikern bestritten wird. Schließlich erreichen die Photonen auf ihrem weiten Weg durch das All einen derart starken Energieverlust, dass sie sich beim Unterschreiten einer bestimmten Energiemenge auflösen, denn Quanten sind kleinste Energieeinheiten, die von einem System auf ein anderes übertragen werden können. Der Sachverhalt der Lichtermüdung wird auch durch das Olberssche Paradoxon bestätigt. Das Olberssche Paradoxon bezeichnet den Widerspruch zwischen der Vorhersage eines hellen Nachthimmels und seiner tatsächlichen dunklen Erscheinung. Der Widerspruch lässt sich leicht durch den oben erläuterten Befund aufklären. Uns erreichen nicht genügend Photonen, da sie sich bereits vor dem Eintreffen auf unserem Planeten aufgelöst haben.

Dessen ungeachtet wagten es im Jahre 1960 R. V. Pound und G. A. Rebka experimentell die gravitative Rotverschiebung von Gamma-Strahlung im Gravitationsfeld der Erde nachzuweisen und damit gleichzeitig Einsteins Relativitätstheorie, die voraussagte, dass Photonen der Schwerkraft unterliegen, zu bestätigen. Trotz der weiter oben beschriebenen gesicherten Ergebnisse traf den allseits als bestens ausgebildeten und als kompetentesten experimentellen Kosmologen seiner Zeit anerkannten Halton Arp der Bann der Gurus, als er bei seinen Beobachtungen von Quasaren zu dem Schluss kam, dass Hubbles Gesetz, nach dem man die Entfernung der rätselhaften Himmelskörper auf Grund der Rotverschiebung messen kann, falsch ist. Er hatte Quasare entdeckt, die auf Grund ihrer sehr hohen Rotverschiebung sehr weit entfernt sein mussten neben Galaxien, die unserem Planeten vergleichsweise sehr nahe sind. Dabei hatte er lediglich nachgewiesen, dass die gesicherten Experimente von Rebka und Pound universelle Geltung haben. Mit diesen Ausführungen hatte er aber gegen das Dogma des Urknalls verstoßen. Die Reaktion der modernen Inquisition folgte schließlich 1988. Arp wurde nicht mehr erlaubt, das Teleskop der Mount-Palomar-Sternwarte zu benutzen. Er wurde einfach von seinem Kollegenkreis ausgestoßen. Nachdem Halton Arp am Palomar-Observatorium in Ungnade gefallen war, gewährte ihm Rudolf Kippenhahn, der in den achtziger Jahren das Max-Planck-Institut für Astrophysik (MPA) in Garching bei München leitete, „Wissenschaftsasyl" und sorgte für ein Stipendium. Danach wurde Halton Arp als unbezahlter Gastwissenschaftler am MPA geführt und verstarb 2013 in München.

Dabei hatten bereits 1972 Rubin und Ford eine deutliche Anisotropie der Rotverschiebung der Galaxien in einer Himmelshälfte, in der die Sternbilder Jungfrau und Coma Berenices liegen, festgestellt. Diese zeigten bei gleichem errechnetem Abstand eine systematisch stärkere Rotverschiebung als Galaxien in der anderen Himmelshälfte. An dieser Stelle ist darauf hinzuweisen, dass es sich bei den oben erwähnten Sternbildern um eine der größten Ansammlungen von Galaxien, den Virgo-Coma-Haufen, handelt. Diese beobachtete Anomalie der Rotverschiebung wurde als Folge von Stoßprozessen beim Durchgang durch Dunkelwolken abgetan, obwohl sich diese in der notwendigen Menge nicht nachweisen ließen.

Wenn man aber schon Stoßprozesse mit „Materiewolken" als Argument anführt, dann kann man auch zur Diskussion stellen, ob die Ermüdung des Lichtes nicht zusätzlich durch Reibungsverluste der Photonen mit den allseits geleugneten Ätherteilchen verstärkt wird. Das würde auch erklären, dass sich die Rotverschiebung der Spektren umso erkennbarer verstärkt, je weiter diese Galaxien von uns entfernt sind. Da braucht man gar keine „Dunklen Energien" zu bemühen, wenn man nach dem Selbstähnlichkeitsprinzip aus der Chaosforschung einen Vorgang konsequent zu Ende denkt. Schließlich sind ja auf der materiellen Ebene der Luftwiderstand und dadurch bedingte Reibungsverluste nicht unbekannt. Jede „Sternschnuppe", die am Himmel verglüht, bestätigt diesen Sachverhalt.

Reibungsverluste würden folglich zusätzlich die mit der Entfernung der Objekte zunehmende Rotverschiebung der Spektren nachvollziehbar erklären. Es würde auch verständlich machen, warum bei der Raumsonde Pionier 10 nach dreißig Jahren Flugzeit, wie auch bei anderen Raumsonden im All, eine bisher unerklärliche geringe Abbremsung beobachtet wird. Diese Raumsonden waren nämlich nicht so weit entfernt, wie man im Voraus berechnet hatte. Das ist keineswegs verwunderlich. Es ist zwangsläufig. Dieser Sachverhalt beweist nämlich ebenfalls, dass es den viel geleugneten Äther, die Dunkle Materie, Gravitonen oder wie immer man den Urstoff oder das fast alles durchdringende Medium im All bezeichnen will, existiert. Man könnte sogar aus den gewonnenen Daten die Dichte des geleugneten Äthers errechnen. Wie gesagt: Wenn man wollte, bzw. dürfte!

Federico di Trocchio, Professor für Wirtschaftsgeschichte an der Universität von Lecce, stellte in seinem Buch, „Newtons Koffer, Querdenker und ihre Umwege in die Wissenschaft", Rohwohlt Taschenbuchverlag, 2001, u.a. fest:

„Die Anmaßung, im alleinigen Besitz der Wahrheit zu sein, hat das wissenschaftliche Establishment dazu verleitet, auch das Monopol der Wissenschaftsfinanzierung und der Veröffentlichungsmöglichkeiten zu fordern. Der Fall Arp und der noch dramatischere Fall Hillmann, die im III. Kapitel behandelt werden, haben deutlich gezeigt, dass Wissenschaftler mit abweichender Meinung heute riskieren, die Finanzmittel und die für ihre Arbeit erforderlichen Instrumente zu verlieren, ganz zu schweigen von der Möglichkeit, ihre Ideen bekannt zu machen und zu verbreiten. Aber wenn nonkonformistische Wissenschaftler ihre Karriere riskieren, riskiert die westliche Gesellschaft Stagnation oder, schlimmer noch, technologischen Rückschritt."

An anderer Stelle schreibt Professor di Trocchio: *„Im IV. Kapitel habe ich versucht zu zeigen, wie Wissenschaftler in diesem unglücklichen Fall wie in anderen (häufig unsichtbare) Tribunale bildeten, die ebenso, wenn nicht grausamer als die Inquisition waren. Wenn dies richtig ist, bleibt nur der Schluss, dass heute die Intoleranz der Religion durch die Intoleranz der Wissenschaft ersetzt worden ist."* Ende des Zitates

Aus all den zum Teil wiederholt angeführten Gründen ist es völlig ausgeschlossen, dass es einen Urknall gegeben hat. Das Universum hat weder einen Anfang noch ein Ende. Es befindet sich in einem stetigen Wandel durch Entstehen und Vergehen von Himmelskörpern durch Phasenübergänge des geleugneten Äthers. Das wusste man aber schon vor vielen tausend Jahren, wie das Piktogramm von I Ging zeigt.

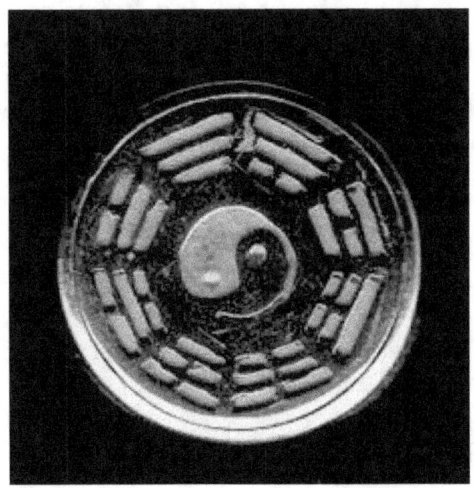

Die Jets der Quasare

Quasare sind über weite Bereiche der elektromagnetischen Strahlung hell und haben charakteristische Spektren mit sehr breiten Emissionslinien, die in rascher Bewegung befindliche Teilchen anzeigen. Im Zentrum eines Quasars befindet sich, wie bereits beschrieben, ein Schwarzes Loch, das von einem sogenannten Bulg, einem besonders dichten Zentralbereich aus Ätherteilchen (Dunkler Materie), umgeben ist. An den beiden Polen eines Quasars schießen sogenannte Jets strahlenförmig gebündelte Teilchen mit Lichtgeschwindigkeit mehrere Lichtjahre weit in das All. Die leuchtkräftigsten Quasare erreichen auf diese Weise eine Helligkeit, die mehr als das 10^{14}-fache der Sonnenleuchtkraft betragen kann.

Am Ende des Jets verteilen sich die freigesetzten Quarks und Antiquarks, vergleichbar dem Wasser einer Fontaine, nach allen Seiten und folgen den elektromagnetischen Feldlinien zum entgegengesetzten Pol des Quasars. Auf halben Weg treffen sie jedoch im Bereich der Äquatorialebene des Quasars auf die Teilchen des entgegengesetzten Poles und verbinden sich mit ihnen zu vier unterschiedlichen Quark / Antiquarkpaaren. Die Eigenschaften dieser Quarkpaare entsprechen den sogenannten up-Quarks und down-Quarks.

Diese Quarks wurden 1936 von Carl D. Anderson und Seth Neddermeyer in der Höhenstrahlung entdeckt und zunächst als Mesonen bezeichnet wurden. 1947 wurden die positiv und negativ geladene Teilchen und 1950 ein neutrales Teilchen in der hochenergetischen kosmischen Strahlung entdeckt und in Anlehnung an die 1936 nachgewiesenen Mesonen von Yukawa als Pionen bezeichnet. Pionen sind nach Ansicht der Teilchenphysiker die leichtesten Mesonen, weil sie aus den leichtesten Quarks (den u-Quarks und d-Quarks) zusammengesetzt sind. Nach der Theorie sind die Pionen instabil. Die geladenen Pionen zerfallen angeblich in 26 Nanosekunden, also $2,6 \times 10^{-8}$ Sekunden, während das neutrale Pion bereits nach $8,4 \times 10^{-17}$ Sekunden nicht mehr vorhanden ist. Die geladenen Pionen zerfallen angeblich zu 99,98770 ±0,00004 % durch die Schwache Wechselwirkung in ein Myon und ein Myon-Neutrino. Dagegen findet der Zerfall des neutralen Pions mittels der stärkeren und damit schnelleren elektromagnetischen Wechselwirkung statt. Endprodukte sollen hier in der Regel zwei Photonen sein. Das Myon ist ein instabiles subatomares Teilchen mit einer mittleren Lebensdauer. Myonen zerfallen immer in mindestens drei Teilchen, ein Elektron und zwei Neutrinos. Im Klartext es handelt sich um willkürlich ausgewählte Artefakte, um eine irrige Theorie salonfähig zu machen.

In einer derartigen Situation erscheint es sinnvoll, sich noch einmal die bekannten und unstrittigen Daten anzusehen, mit denen Atome ganz allgemein beschrieben werden. Die Durchmesser von Atomen liegen im Bereich von 3×10^{-11} m bis 2×10^{-10} m, ihre Massen in einem Bereich von 10^{-27} bis 10^{-25} kg. Die Atome bestehen aus einem Atomkern und einer Atomhülle. Der Atomkern hat einen Durchmesser von etwa einem Zehntausendstel des gesamten Atomdurchmessers, enthält jedoch über 99,9 % der Atommasse. Ein Proton hat die Masse 1836 und soll aus drei Quarks bestehen, deren Masse sich aber nicht genau bestimmen lässt, da angeblich sogenannte Gluonen die Quarks zusammenhalten und die kann man auch nicht genau berechnen.

Die obigen Ausführungen bedeuten, dass ein ganzes Fußballfeld in die Atomhülle passen würde, wenn man den Atomkern in der Größe einer 1-Cent-Münze auf den Anstoßpunkt in die Mitte des Spielfeldes legen würde. Die Hülle besteht aus negativ geladenen Elektronen, von denen niemand eine Vorstellung hat, wie diese Felder aussehen. Die Atomhülle enthält weniger als 0,1 % der Masse, bestimmt jedoch die Größe des Atoms. Ein Elektron hat die Masse 1. Wie die vergleichsweise riesige Hülle aufgebaut und aus welchen Feldern sie besteht, weiß niemand. Lediglich statistisch lassen sich unscharfe Elektronen und ihre vermuteten Aufenthaltsorte berechnen. Der beschriebene Sachverhalt lässt erahnen, welche extremen Kräfte von den rotierenden Quarkpaaren in den Atomkernen durch die Umwandlung der Gravitationskraft in elektromagnetische Felder zum Aufbau einer derart belastbaren und stabilen Atomhülle aufgebracht werden. Man muss endlich von der Fehlinterpretation des Doppelspaltexperimentes wegkommen. Es gibt keinen Wellen-Teilchen- Dualismus. Die im Vergleich zum massiven Atomkern riesige Atomhülle besteht aus elektromagnetischen Feldern, so dass der massive Atomkern gar nicht das Verhalten der Atome im Experiment beeinflusst.

Die beeindruckenden Erfolge auf dem Gebiet der Elektrotechnik werden durch den oben beschriebenen Sachverhalt nicht beeinträchtigt, lassen aber keine Rückschlüsse auf die realen Vorgänge innerhalb der Atomhülle und ihrer Wechselwirkung mit dem Atomkern zu. Das Grundproblem ist, dass die erstaunlichen Fortschritte auf dem Gebiet der Elektrotechnik nur durch hochqualifizierte Spezialisten erreicht werden konnte, deren Fachkompetenz aber sehr begrenzt ist, was ein vernetztes Denken unmöglich macht, weil das breite Wissen, um die Ergebnisse richtig einzuordnen, fehlt. Es wäre deshalb zwingend notwendig, dass auf den verschiedensten Wissenschaftsgebieten Leute ausgebildet werden, die zwar nicht das extreme Detailwissen haben, deren breit angelegtes Wissen aber die jeweiligen neuen Detailerkenntnisse sinnvoll zusammenführen könnte. Das Bestreben in der Teilchenphysiker durch Spezialisierung auf zahlreiche Teilbereiche die so gewonnenen Einzelbefunde über keineswegs gesicherter Teilchennachweise zur Kenntnis des Ganzen zu kommen, hat zu zahlreichen Fehlinterpretationen geführt und so ein mathematisches Scheinbild, aber keineswegs ein realistisches Weltbild geschaffen.

Paracelsus (1493 bis 1541) hatte schon auf dem Gebiet der Medizin beklagt: *„Die geteilten Ärzte sind die Zerbrecher der Arznei, einer kann dies, der andere das, doch in allem ist kein Wissen, denn wer ein Stück kann, der kann nichts, und er weiß nicht was er kann!"*

Die ganzen Trümmerfunde nach den Protonenkollisionen sind deshalb mit Vorbehalt zu bewerten, da Wechselwirkungen der so künstlich erzeugten elektromagnetischen Felder in extrem kurzen Zeiten auftreten, Teilchen vortäuschen und wieder zerfallen. Es bleibt festzuhalten, dass alle nicht dauerhaften Veränderungen von Feldern stammen. Der schizophrene Wellen-Teilchen-Dualismus ist lediglich das Ergebnis einer falschen Interpretation des Doppelspaltexperimentes. Lediglich die Doppelquarks sind kompakte und unzerstörbare Nanopartikel. Alles andere sind unterschiedliche Felder, die sich gegenseitig verstärken oder vernichten können und die Struktur, die Eigenschaften und das Aussehen der Materie bestimmen. Dieser Sachverhalt erklärt auch die Selbstorganisation der Materie. Physiker sprechen in diesem Zusammenhang von morphogenen Feldern.

Dass in der Realität Quarks und Antiquarks, die Bausteine der Materie, unter irdischen Bedingungen weder erzeugt werden noch zerfallen können, stört die Teilchenphysiker bei ihren unrealistischen Traumtänzen nicht im Geringsten. Sie haben bis heute nicht verstanden, was elementare Teilchen und die unterschiedlichsten Felder sind. Quarks und Antiquarks entstehen auch weder in Teilchenbeschleunigern noch bei radioaktivem Zerfall oder bei Kernwaffenexplosionen, denn sie stammen aus dem All und sind in den Quasaren unter extremen Bedingungen auskristallisiert, die unter irdischen Bedingungen nicht nachgestellt werden können. Ihre angeblich künstliche Herstellung in Hochenergie-Teilchenbeschleunigern sind das Ergebnis roher Gewalt, indem man zwei gegensinnig umlaufende Protonenstrahlen mit hoher Energie kollidieren lässt. Aus den Trümmern der Protonen werden dann nach Ansicht der Teilchenphysiker Hinweise auf Quarks gefunden. Man beachte, dass die Protonen aus Quarks bestehen. Sie wurden also nicht erzeugt, sondern mehr oder weniger aus den Kollisionstrümmern isoliert. Die Eigenschaften dieser Quarkpaare entsprechen den sogenannten up-Quarks und down-Quarks und unterscheiden sich in ihrem inneren Aufbau und ihrer jeweiligen Zusammensetzung durch die Ausrichtung der Ätherteilchen in ihrem Inneren. Man unterscheidet zwischen 4 Ausrichtungen zur Rotationsachse jedes Quarks ↑ ↓   ← → , parallel zur Rotationsachse entweder nach oben oder nach unten oder senkrecht zur Rotationsachse entweder nach links oder rechts. Die Quarkpaare erfüllen die Funktionen von Magnetspulen in der Elektrotechnik.

So gesehen, brauchen die Teilchenphysiker auch nicht mehr Naturkonstanten außer Kraft zu setzen, denn die Ladung von Teilchen und von Materiemengen beträgt entweder Null oder ist ein ganzzahliges (positives oder negatives) Vielfaches von e. So besitzt zum Beispiel das Elektron die Ladung $-e$, ein Proton die Ladung $+e$. Die Protonen bestehen aber aus Quarks und Antiquarks. Da die Quarks und Anti-Quarks aber ebenfalls eine Ladung haben, wird nach der Theorie des Standardmodells kurzer Hand behauptet, dass Quarks, da sie keine freien Teilchen sind, eine Ausnahme machen und ihre Ladungen $\pm\frac{1}{3}e$ oder $\pm\frac{2}{3}e$ zu betragen hat.

Ausrichtung der Ätherteilchen in den vier Quarks und den vier Antiquarks

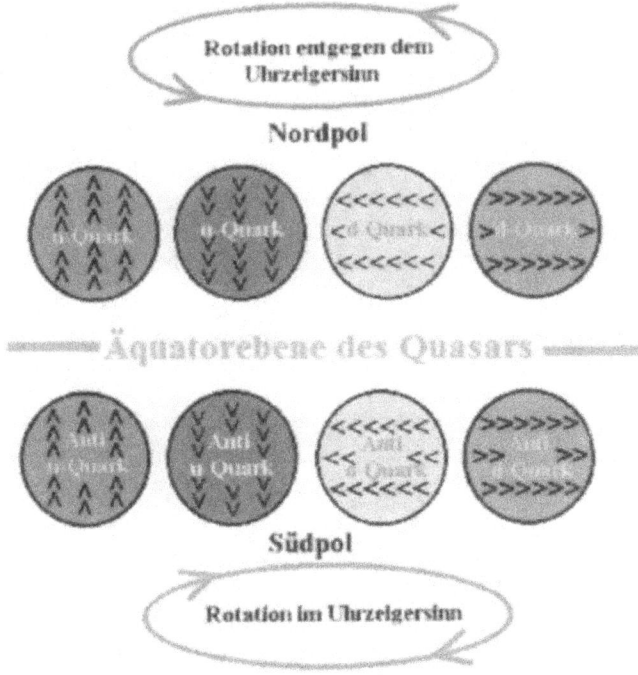

Die entsprechenden Quarks und Antiquarks haben die gleiche Innenstruktur. Sie unterscheiden sich lediglich durch ihre entgegengesetzte Drehrichtung, ihren Spin.

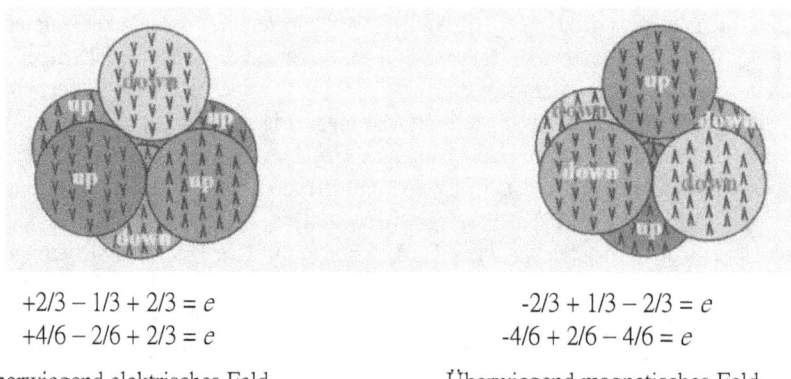

+2/3 − 1/3 + 2/3 = e   −2/3 + 1/3 − 2/3 = e
+4/6 − 2/6 + 2/3 = e   −4/6 + 2/6 − 4/6 = e

Überwiegend elektrisches Feld   Überwiegend magnetisches Feld

Drei Quarks und drei Antiquarks bilden je einen kugelförmigen Zusammenschluss mit einem Hohlraum im Zentrum. Die < Pfeile > zeigen, wie ich später darlegen werde, die Ausrichtung der Ätherteilchen in den Konvektionsströmungen zum Zeitpunkt des Phasenüberganges am massiven Rand eines Schwarzen Loches an. Sie entsprechen der „Wicklung" von Spulen, wie sie bei den Elektromagneten verwendet werden.

Dabei ist unstrittig, dass Quarks nur paarweise als Quark und Antiquark existieren und bisher nicht getrennt werden konnten. Wenn man also statt drei Quarks drei Quarkpaare einen Atomkern zugesteht, braucht man die Ladung von Quarks in den Atomkernen nicht zu dritteln und auch nicht Naturgesetze außer Kraft zu setzen. Diese Manipulation der Teilchenphysiker zu Gunsten einer Theorie ist erschreckend, zumal Quarks die Bausteine der Materie sind. Hier bestätigt sich wieder einmal die Feststellung von Georg Friedrich Wilhelm Hegel: **„Wenn die Tatsachen nicht mit der Theorie übereinstimmen, umso schlimmer für die Tatsachen."**

Dagegen sind die vier anderen Quarks Charm, Strange, Top und Bottom Kunstprodukte (Artefacte), die zufällig bei den Kollisionen in Hochenergie - Teilchenbeschleunigern nachgewiesen wurden und weil sie so schön in die haltlose Theorie des sogenannten Standartmodells der Teilchenphysiker passten, als reale Teilchen propagiert worden. Grundsätzlich muss noch einmal an dieser Stelle betont werden. Wenn etwas ein Teilchen ist, hat es ein Volumen, egal wie klein es ist, bestimmte Eigenschaften, ist dauerhaft existent und kann nicht in ein anderes Teilchen umgewandelt werden. Deshalb sind Quarkpaare unter irdischen Bedingungen unzerstörbar und können nicht, wie die Teilchenphysiker behaupten, erzeugt werden.

Die Behauptung im Standardmodell, dass alle Elementarteilchen unter irdischen Bedingungen erzeugt oder vernichtet werden können, ist falsch. Abgesehen von ihrer kräftefreien Bewegung durch den Raum sind Erzeugung und Vernichtung überhaupt die einzigen Prozesse, an denen die Elementarteilchen angeblich teilnehmen. Auch die Physiker müssen zur Kenntnis nehmen, dass etwas, das elementar, also grundsätzlich ist, nicht willkürlich verändert werden kann.

Dabei hätte jedem Fachmann auffallen müssen, wie unterschiedlich groß die Masse jedes der sechs verschiedenen Quarks ist. Ihre Masse ist nämlich größer als die von vielen Atomen. Jeder interessierte Leser müsste eigentlich stutzig werden, wenn die Masse der einzelnen Quarks größer als die von Atomen ist, da ja Quarks die Atomkerne bilden, also lediglich Teil eines Atoms sind. Nachdem 1964 Murray Gell-Mann nachgewiesen hatte, dass die Protonen und Neutronen aus Quarks aufgebaut sind, zählen diese Hadronen nicht mehr zu den Elementarteilchen. Als Hadronen bezeichnen Teilchenphysikert Teilchen, die von der von ihnen postulierten starken Wechselwirkung zusammengehalten werden. Die bekanntesten Hadronen sind die Nukleonen (Protonen und Neutronen, die Bestandteil der Atomkerne sind. Sie bestehen jetzt aus Mesonen, die aus einem Quark und seinem Gegenstück, dem Antiquark zusammengesetzt sind. Die Mesonen und die physikalische Felder wie das Magnetfeld und das elektrische Feld bilden die Atome und damit die Materie. Sie sind damit die beiden anderen Aggregatzustände des gasförmigen Äthers, aus denen die Materie besteht.

In der Quantenfeldtheorie ist das Feld ein fundamentaler Begriff, aus dem alle Eigenschaften der Materie und Kräfte entwickelt werden. Ein Feld kann nur in definierten Stufen angeregt werden, die als Erzeugung einer entsprechenden Anzahl von Feldquanten zu verstehen und zu beschreiben sind. Alle bekannten angeblichen Materieteilchen bestehen aus solchen Feldquanten bestimmter Felder. Zwischen den Atomen werden die Kräfte und Informationen durch Wechselwirkungen der Feldern oder ganzer Systemen vermittelt, indem sie von einem Teilchen bzw. System abgegeben und vom anderen aufgenommen werden können. Die so verursachte Wechselwirkung wird auch als Austauschwechselwirkung bezeichnet, d. h. Feldquanten bestimmter anderer Felder bewirken und kontrollieren alle Funktionen und Vorgänge im gesamten Kosmos. Die einzelnen Feldquanten sind von fundamentaler Bedeutung.

Die vier anderen Quarks (Charm, Strange, Top und Bottom) sind, wie bereits erwähnt, zufällige Kunstprodukte, also Artefakt und kommen in der Materie nicht vor, da sie instabil sind und in Bruchteilen von Sekunden zerfallen. In Teilchendetektoren erkennt man Charm-Quarks an ihrer relativ langen Lebensdauer von ungefähr 10^{-12} Sekunden. Das Top-Quark ist das schwerste Quark und der Partner des Bottom-Quarks. Da seine Lebensdauer nur $4,2 \cdot 10^{-25}$ Sekunden beträgt, kann es in der Natur keine hadronischen Bindungszustände bilden, weil eine Hadronisierung erst nach ca. 10^{-23} Sekunden erfolgt. Das Top-Quark zerfällt demnach im Gegensatz zu allen anderen Quarks weit vor der Zeit, die benötigt wird, um Hadronen zu bilden. Es existieren somit weder Mesonen noch Baryonen, welche ein Top-Quark enthalten. Ihre Existenz verdanken sie einzig und allein der Theorie von Vertretern der theoretischen Physik. Schlimmer noch, nach diesen Berechnungen hätte sich unser Universum noch innerhalb von Bruchteilen der ersten Sekunde nach dem fiktiven Urknall wieder selbst vernichtet. Eine weitere Besonderheit ist, dass die Masse des Top-Quarks in der Größenordnung eines Goldatoms liegt. Auf Grund der zur Erzeugung benötigten riesigen Energiemenge konnte es erst im Jahr 1995 experimentell am Fermi National Accelerator künstlich erzeugt werden.

Auch konnte kürzlich gezeigt werden, dass das sehr kurzlebige Higgs-Teilchen in Bottom-Quarks und Tau-Leptonen zerfällt, also gar kein Elementarteilchen ist, sondern in Fermionen und somit Elementarteilchen der Materie zerfällt. Als Fermionen bezeichnen Teilchenphysiker Teilchen, aus denen die Materie besteht. Alles geschah dem theoretischen Inflationsmodell zufolge mehr als blitzartig, denn die Inflation begann etwa bei 10^{-35} Sekunden nach dem Urknall und dauerte bis zu einem Zeitpunkt zwischen 10^{-33} Sekunden und 10^{-30} Sekunden nach dem Urknall. Man geht davon aus, dass sich das Universum in dieser Zeit um mindestens den Faktor 10^{26} ausgedehnt hat. Auch da staunt der interessierte Leser und wundert sich. Hat er doch schon in der Schule gelernt, was die erfolgreiche Kölner Mundart-Musikgruppen „Die Bläck Fööss" im Karneval zum Besten geben:

„Dreimol Null es Null bliev Null,
denn mer woren en d'r Kaygaß en d'r Schu - u – ull!"
„Dreimol Null es Null bliev Null,
denn mer woren en d'r Kaygaß en d'r Schull!"

$$10^{26} \times 0 = 0.$$

Eine Akkretionsscheibe ist in der Astrophysik eine um ein Schwarzes Loch rotierende strahlende Scheibe, die nach der offiziellen Lehre angeblich interstellares Gas oder zerrissene Sterne in das Zentrum des Schwarzen Loches transportiert (akkretiert) und teilweise an den Polen in Form von gebündelten Jets in das All reflektiert, obwohl nach offizieller Lehre einem Schwarzen Loch nichts entkommen kann. Ein derartiger Schwachsinn beruht auf den völlig unrealistischen Berechnungen von Mathematikern, nach denen Schwarze Löcher das Ergebnis zusammengestürzter Sterne in das Zentrum einer Galaxie sind. In diesem Zusammenhang sei zum wiederholten Male darauf hingewiesen, dass Mathematiker mit entsprechenden Vorgaben rechnen. Sind diese Vorgaben falsch, kann das Ergebnis nicht richtig sein. Vergleichbare unhaltbare Argumente sind sogenannte Beweise, die auf „computergestützten Erkenntnissen" beruhen. Ein „Computer" liefert aber nur die Ergebnisse, die von den jeweiligen Vorgaben und der entsprechenden Software abhängen. Die Vorgaben sind aber willkürlich, die Software ist das Ergebnis von Berechnungen der Mathematiker und die rechnen, wie wiederholt erwähnt, ebenfalls <Wenn> = <Dann>. Diese so erhaltenen Ergebnisse müssen deshalb jedes Mal mit der Realität überprüft werden, denn nach offizieller Definition ist die Physik die Naturwissenschaft, die sich mit der Erforschung aller experimentell und messend erfassbaren Vorgänge in der Natur sowie deren mathematischer Beschreibung befasst. Mit anderen Worten: „Was nicht gemessen und/oder gewogen werden kann, darf für einen Physiker nicht existieren, ist reine Spekulation und entspricht nicht wissenschaftlicher Vorgehensweise."

Darüber lässt man aber eine gutgläubige Öffentlichkeit lieber in Unkenntnis. Schließlich könnte unter den vielen Gläubigen der Eine oder Andere ins Grübeln kommen. Damit das aber nicht passiert, hat man ja die Medien mit ihrem eigenwilligen Verständnis von seriöser Information und Berichterstattung.

Die Quarks und Antiquarks, die ein Proton bzw. ein Neutron aufbauen, sollte man Yukawa Mesonen nennen, da der Japaner Hideki Yukawa 1935 diese Partikel vorausgesagt und ihre Masse mit etwa 270mal schwerer als ein Elektron erstaunlich genau aufgrund von Berechnungen vorausgesagt hatte. Mesonen (Meson = gr. „das Mittlere") sind nach offizieller Lehre instabile subatomare Teilchen, die aus einem Quark-Antiquark-Paar aufgebaut sind. Yukawa hatte als Erster einzelne Teilchen nachgewiesen und als Mesonen bezeichnet, weil ihre Masse zwischen der des Elektrons und der eines Atoms liegt. Heute bestätigen zwar die Teilchenphysiker, dass Mesonen nicht zerlegt werden können, begründen dies aber mit der irrigen Ansicht, dass sich Quark und Antiquark nach einer geglückten Trennung sofort mit einem neuen Partner verbinden würden, der aus der Energie erzeugt würde, die man für das Aufbrechen der Mesonen benötigt hatte. Gleichzeitig sprechen sie von virtuellen Mesonen mit einer äußerst kurzen Lebensdauer, weil sie die Mesonen als die „Starke Kraft" verstehen, die nur auf extrem kurzen Distanzen wirkt. In Wirklichkeit ist die sogenannte Starke Kraft das Ergebnis von Gravitation minus elektromagnetischer Abstoßung der Quarkpaare untereinander. Auch hier wird der entscheidende Fehler begangen, Wirkung und Stoffliches gleichzusetzen. Man muss sich halt alles mühevoll mit unterschiedlichsten Hypothesen zu Recht rücken, damit unhaltbare Behauptungen offiziell verkündet und von einer breiten Öffentlichkeit geglaubt werden.

Die sog. Starke Kraft ist eine Erfindung der Teilchenphysiker, weil sie die Vorgänge in den Atomen nicht verstanden haben und mit ihren zahlreichen Hypothesen in einer Sackgasse gelandet sind. Die Physiker fragten sich nämlich, warum Atomkerne nicht explodieren, wenn sie aus Protonen und Neutronen bestehen, denn die Protonen müssten sich aufgrund ihrer elektromagnetischen Kräfte gegenseitig abstoßen. Schließlich werden Protonen, die sich einem Atomkern nähern, durch die elektrischen Kräfte abgestoßen. Zwingt man allerdings ein Proton sich einem Atomkern bis zu einer Distanz zu nähern, die seinem Durchmesser entspricht, wird das Proton plötzlich mit eine Kraft in den Kern hineingezogen, die etwa hundertmal stärker ist als die abstoßenden elektromagnetischen Kräfte. Also schloss man messerscharf, dass es eine Starke Kraft geben muss, die auf ganz kurze Distanz im Kern wirkt und die elektromagnetische Abstoßung der Teilchen unterdrückt. Auch in diesem Falle ist zu empfehlen, sich an das aus der Chaosforschung bekannte Selbstähnlichkeitsprinzip zu erinnern. Hier spielt sich im subatomaren Bereich ein vergleichbarer Vorgang wie bei den Schwarzen Löchern im Universum ab. Ein extrem starkes Magnetfeld besteht um jeden Atomkern, das ihn gegen alle Materieteilchen abschirmt. Erst wenn das Proton ganz nahe an den Atomkern herangekommen ist, wird, da Neutronen elektrische Felder ignorieren, durch die Magnetkräfte des Atomkerns das ankommende Proton in ein Neutron umgewandelt und kann jetzt problemlos in den Atomkern eindringen. Im Atomkern kann das Neutron umgehend in das permanente Wechselspiel Proton zu Neutron und umgekehrt eingebunden werden. Jedes Quarkpaar und Antiquarkpaar hat einen dauerhaften elektromagnetischen Schutzwall, so dass sich jedes Proton bzw. Neutron wie auf einer nassen Schmierseife innerhalb des Atomkernes scheinbar frei bewegen kann.

In den 30ger Jahren des vorigen Jahrhunderts hat man in Laborversuchen festgestellt, dass Neutronen gar keine stabilen Teilchen sind, da freie Neutronen nach etwa 12 Minuten in ein Proton und ein Elektron zerfallen. Dabei gab es allerdings ein Problem, da bei der Bilanz der dabei vorkommenden Energien, also beim Proton und dem Elektron ein kleinerer Teil der ursprünglichen Energie fehlte. Wolfgang Pauli folgerte 1931 aus diesem Sachverhalt, dass dieses Energiedefizit durch ein noch unbekanntes Teilchen verursacht werden muss. Enrico Fermi nannte dieses zunächst hypothetische Teilchen, das die Ladung 0 und eine sehr kleine Masse haben sollte „Neutrino, was so viel wie „das kleine Neutrale" heißt. Schnell stellte man fest, dass dieses Teilchen von großer Bedeutung und dafür verantwortlich ist, dass nicht gegen den Energieerhaltungssatz und gegen den Impulssatz verstoßen wird. Wenn nämlich nach der damaligen Theorie ein ruhendes Neutron ausschließlich in zwei Teile zerfallen wäre, hätten die beiden Zerfallsprodukte, ein Proton und ein Elektron in entgegengesetzte Richtung fortgeschleudert werden müssen, da nur so der Impulssatz nicht verletzt worden wäre. Durch Experimente wurde aber bewiesen, dass dies nicht der Fall ist. Folglich musste der Gesamtimpuls beim Neutronenzerfall durch ein weiteres Teilchen ausgeglichen werden. Dieses Teilchen war das gesuchte Neutrino bzw. Antineutrino, wie man im Labor nachweisen konnte.

In jenen 30ger Jahre des vorigen Jahrhunderts glaubte man vier Teilchen zu kennen, aus denen ein Atom besteht und zwar das Proton, das Neutron, das Elektron und das Photon. Die Ruhemasse des Photons wurde mit 0 angegeben, obwohl man bereits festgestellt hatte, dass Photonen der Schwerkraft unterliegen. In der Realität kann aber dauerhaft nur etwas existent sein und Information speichern bzw. weitergeben, wenn es Stofflich ist. Das Photon muss folglich eine Masse haben, wie klein auch immer. Da Photonen von den Elektronen, deren Masse mit 1 angegeben wird, abgestrahlt werden, muss der Wert deutlich unter 1 liegen.

Für das Proton hatte man die 1836 fache Masse im Vergleich zum Elektron errechnet, dessen Masse mit 1 angegeben wurde. Das Neutron war etwas schwerer als das Proton und hatte die 1839 fache Masse eines

Elektrons. Da aber Protonen und Neutronen austauschbar sind, weil ihre Quarks und Antiquarks, aus denen sie bestehen, die gleiche Masse haben, muss der Masseunterschied durch ein Neutrino verursacht werden, das somit die dreifache Masse eines Elektrons haben muss. Wie aber ist es möglich, dass sich Protonen und Neutronen ineinander umwandeln können, obwohl sie augenscheinlich entgegengesetzte Eigenschaften haben. Die Erklärung ist einfach und überraschend. Die d-Quark/Anti-d-Quarkpaare sind die kleinsten Stabmagneten der Welt. Sie bestehen aus einem Quark, das ein Nordmonopol ist und einem Antiquark, das ein Südmonopol ist. Beide zusammen bilden den kleinsten Stabmagneten. Weil die dauernde Produktion von elektromagnetischer Energie durch die Schwerkraft ein extremes Ungleichgewicht in dem Atomkern schaffen würde, werden die Stabmagneten durch die dauernd entstehenden Neutrini und Antineutrini in regelmäßigem Wechsel um 180 Grad gekippt, so dass sich die elektromagnetischen Felder dauernd umkehren. Das heißt: Neutrini und Antineutrini bedienen folglich die d-Quark/Antiquarkpaare wie Kippschalter. In den Atomkernen wandelt sich folglich permanent Materie in Antimaterie um, ohne auch nur ein einziges Quark oder Antiquark zu nihiliren.

Dieser Sachverhalt führt wiederum dazu, dass subatomare Teilchen und Felder dauernd in Bewegung sind und sich deshalb die elektromagnetischen Felder in dauernder Veränderung und Neuaufbau befinden. Die drei Quark/Aniquarkpaare, die jeweils ein Proton bzw. Neutron bilden, formen im Atomkern eine Kugel mit einem Hohlraum im Inneren dieser Kugel. In diesem Hohlraum entstehen andauernd die jeweiligen Elektronen, die je nach Energieaufwand die unterschiedlich energiereichen „Schalen" der Atomhülle bilden. Welche enormen Energiemengen benötigt werden, um einen derartigen „Ballon" wie die Atomhülle dauerhaft prall gefüllt zu halten, kann man vielleicht erahnen, wenn man sich wieder an die Größenverhältnisse erinnert und weiß, dass ein Atomkern der nur so groß wie eine Ein-Cent-Münze am Anstoßpunkt in der Mitte eines Fußballfeldes ist, das vollständig in die Atomhülle dieses Atoms passen würde.

Gleichzeitig wird verständlich, warum extrem große Gravitationskräfte notwendig sind, um derartige Wechselwirkungen innerhalb der Atomhülle zu ermöglichen. Subatomare Teilchen befinden sich also beständig in unterschiedlich starker Bewegung und bewirken verschiedenste Veränderungen und beeinflussen die Größe der Volumina der Atomhüllen. Dies ist auch zwingend notwendig, denn sonst könnte es keine feste Materie geben, die sich noch dazu je nach Temperaturänderung unterschiedlich ausdehnt, da ein erhöhtes Energieangebot energiereichere Elektronen erzeugt, die wiederum auf entsprechend höheren Energieschalen anzutreffen sind.

Was wirklich alles in den Atomhüllen passiert, ist weitgehend unbekannt. Fest steht, dass die Elektronen laufend Photonen emittieren und absorbieren. Allerdings handelt es sich bei diesen Photonen um ganz spezielle Teilchen, die im Gegensatz zu den realen Photonen nicht von selbst davon fliegen, sondern umgehend nach ihrer Emission von dem Elektron wieder absorbiert werden. Die Elektronen pulsieren. Wenn aber plötzlich statt eines Elektrons ein Elektron und ein Photon vorhanden sind, um sich sofort wieder in ein Elektron zu verwandeln, verstößt dieser Vorgang gegen den Energieerhaltungssatz von Masse und Energie, der besagt, dass man weder Masse noch Energie ohne eine „Gegenleistung" bekommen kann. Aber alles kein Problem für die Anhänger der theoretischen Physik. Schließlich muss man für die Lösung des Problems nur entsprechende Vorgaben machen und Behauptungen aufstellen und schon haben die Mathematiker eine „überzeugende Lösung" errechnet. Ob die allerdings der Realität entspricht ist die andere Frage.

Eine scheinbare Lösung des Problems bietet die Quantenmechanik. Heisenberg entwickelte deshalb die sog. Unschärferelation. Er behauptete, gestützt auf entsprechende Berechnungen, dass bei keinem Versuch von Physikern die Energie eines Teilchens zu einem genau festgelegtem Zeitpunkt exakt bestimmt werden kann. Umgekehrt ist es aber auch unmöglich, die Zeit exakt zu messen, zu der das Teilchen eine genau festgelegte Energie erreicht. Die Energie eines Teilchens und die Zeit können also von den Physikern nicht gleichzeitig genau gemessen werden. Das ist aber nicht das Problem der Natur.

Bei dem Problem handelt sich allen Beteuerungen der Vertreter der theoretischen Physiker zum Trotz um ein Messproblem der Physiker und nicht, wie Heisenberg und die offizielle Lehre glauben machen wollen, eine naturgegeben Tatsache. Durch die beschriebene Unsicherheit wird nach Ansicht der Physiker die Bilanz in der Buchführung der Natur hinsichtlich Masse und Energie keineswegs durcheinander gebracht, wenn der Erhaltungssatz für die winzige Zeitspanne von einer tausendbillionstel Sekunde, also 10^{-15} Sekunde, verletzt wird, da der Vorgang so schnell vorbei ist, dass das Elektron ohne Energieverlust davon kommt. Naiver geht es wohl nicht mehr. Jedenfalls hat das mit Wissenschaft nichts zu tun, wenn Physiker Teilchen, die auf Kredit entstehen sollen, als virtuell bezeichnen. Unter „virtuell" verstehen diese Experten *„in Wesen und Wirkung gleichartig und doch nicht existierend"*. Allein schon die Definition muss man sich auf der Zunge zergehen lassen. Aber diese Vollprofis sind noch steigerungsfähig, indem sie behaupten, dass aus den virtuellen Elektronen und Photonen auch massive Partikel, man beachte die Wortwahl „massiv", auf „Pump" erzeugt werden können. Diese Teilchen würden allerdings weniger lang existieren und könnten sich deshalb auch nicht so weit von ihrem Ursprungsteilchen entfernen wie virtuelle Elektronen und Photonen, denn der größte Teil des Kredites würde für die Erzeugung der Masse verbraucht, so dass für die Zeit fast nichts mehr übrig bleibt. Mir bleibt bei derartigen Ausführungen allerdings auch die Spucke weg, wie der Volksmund zu sagen pflegt, wenn etwas Überraschendes und Unglaubliches passiert. Schließlich kann man Masse nicht erzeugen, da Masse, wie bereits erklärt das Maß für den jeweiligen Ätherdruck ist.

Die Natur kennt keine Zeit, sie „weiß" jedoch genau wo sich welches Teilchen im Vergleich zu seinen mögliche Reaktionspartnern befindet und wie viel Energie es besitzt. Andernfalls wäre die sog. Selbstorganisation der Materie gar nicht möglich. Wenn der Mensch feststellen will, wie lange eine Veränderungen in der Natur dauert, muss er die beobachtete Veränderung in Beziehung zu einem regelmäßigen, konstanten und gleichmäßigen Bewegungsablauf, z. B. einem Uhrpendel, setzen. Auf diese Weise erhält er eine Eichgröße und erfindet die Zeit, indem er auf diese Weise die Dauer eines Vorganges bestimmen kann. Die Natur kann also sehr wohl den Ort und die Energie der einzelnen Teilchen „erkennen", denn sonst könnten nicht alle Wechselwirkungen in der Natur derart exat und gesetzmäßig ablaufen. Die Zeit spielt dabei keine Rolle, weil es sich bei der Zeit um ein abstraktes Ordnungsprinzip handelt, das dem Menschen dazu dient, die Dauer und Aufeinanderfolge von Ereignissen zu bestimmen. In der Natur entscheiden Kräfte und Entfernungen über alles, was geschieht. Die Zeit ist nichts Stoffliches, also nichts, was für sich selbst besteht. Sie ist kein Objekt sondern ein Modell oder eine Anschauungsform des Gehirns des Menschen, um das Objekt oder Subjekt seiner Wahrnehmung in eine bestimmte Ordnung zu bringen und ein System zu entwickeln, das Erfahrungen erst ermöglicht.

An dieser Stelle möchte ich noch einmal mit Nachdruck darauf hinweisen, dass es keinem Sterblichen möglich ist, aus Energie ein Quark- oder Antiquarkteilchen zu erzeugen. Die Behauptung der Teilchenphysiker ist eine falsch verstandene Umsetzung von Einsteins weltberühmter Formel: $E = mc^2$. (m ist die Bezeichnung für Masse. Masse darf man aber nicht mit Materie gleichsetzen.)

Die Masse zeigt an, welcher Ätherdruck auf ein Objekt an einem bestimmten Ort wirkt. Dieser Druck kann sich bei dem selben Objekt je nach Ort, Lage und Position ändern. Auf der Internationalen Raumstation ISS bleiben alle Objekte unverändert, obwohl sie schwerelos sind und die Astronauten befinden sich bei bester Gesundheit. Ihre Masse werden sie erst wieder erhalten, wenn sie unseren Planeten betreten. Auf unserem Planeten kann man Masse und Materie bei mathematischen Problemlösungen häufig gleich setzen, weil die Mathematik abstrakt rechnet. In der Realität ist aber Masse ein Maß für den Ätherdruck, der auf die Materie wirkt. Die Masse ist nicht stofflich und deshalb für sich allein nicht beständig. Materie ist dagegen etwas Stoffliches, kann für sich allein bestehen und ist deshalb völlig verschieden von der Masse. So wie man den Luftdruck mit einem Barometer messen kann, so kann man die Masse, sprich den Ätherdruck auf das jeweilige Objekt mit einer einfachen Wage bestimmen. Der Äther bleibt dabei ebenso unverändert, wie die Luftzusammensetzung. Dieses Beispiel zeigt wie gefährlich es ist, wenn Formeln in falsche Hände gelangen oder von Spezialisten erklärt werden.

Zur Verdeutlichung der Problematik möchte ich auf den griechischen Philosophen Xenon von Elea verweisen. Er bediente sich bereits vor 2500 Jahren sehr erfolgreich eines Tricks, um mathematisch die Ideen seines Freundes und Lehrers, des Philosophen Parmenides von Elea, zu beweisen, obwohl sie der täglichen Erfahrung widersprechen und somit die Vielheit des Seienden ebenso wie die Möglichkeit von Bewegung widerlegen. Parmenides von Elea lehrte die Einheit, Ewigkeit und Unveränderlichkeit des Seins. Für ihn waren Denken und Sein identisch. Die Vielheit und das Werden der Dinge beruhten nach seiner Überzeugung auf Sinnestäuschung. Die Vorgehensweise ist sehr einfach. Man stellt eine Behauptung auf und versucht sie durch geeignete Vorgaben mathematisch zu beweisen. So entwickelte Zenon von Elea eine überaus scharfsinnige und überzeugende Kunst der Beweisführung. Aristoteles bezeichnete Zenon von Elea sogar als Erfinder der Kunst des Argumentierens.

„Zenons Paradoxien", die eine logische Begründung der Lehre des Parmenides versuchen, wurden berühmt und so mancher Gelehrte befasste sich ernsthaft mit der Lösung dieser Paradoxien. Der griechische Philosoph Proklos berichtet, dass Zenon von Elea zwischen 30 und 40 Trugschlüsse formulierte, von denen leider nur zehn indirekt überliefert sind. Die bekanntesten sind der Trugschluss von Achilles und der Schildkröte, demzufolge ein schneller Läufer eine Schildkröte nicht überholen kann, sofern er dieser einen Vorsprung gibt, sowie die damit verwandten Trugschlüsse des Nicht-ans-Ziel-kommen-Könnens (Teilungsparadoxon) und des Nicht-Weglaufen-Könnens sowie das Pfeil-Paradoxon.

Bei diesen Argumentationen geht es um Wegstrecken, also eindimensionale Größen. Dabei wird völlig übersehen, dass es sich in Wirklichkeit um ein dreidimensionales Problem handelt, denn der kleinste Abstand wird von dem Durchmesser eines Atoms bestimmt. Atome sind aber dreidimensional und nicht beliebig teilbar. So lange unter Masse und Materie das Gleiche verstanden wird, spielt die Namensgebung keine Rolle. Aus diesem Grunde können und konnten Mathematiker sehr erfolgreich ihre Berechnungen anstellen. Physiker müssen aber wissen, von was sie sprechen, wenn sie errechnete Ergebnisse einer breiten Öffentlichkeit erklären bzw. einreden wollen.

Doch zurück zu den Mesonen. Mesonen bestehen jeweils aus einem Quark-Antiquark-Paar, erzeugen die elektromagnetischen Felder und ermöglichen so die elektromagnetischen Wechselwirkungen. Da die magnetisch wirkenden Quarkpaare senkrecht zu den elektrischen Quarkpaaren stehen, siehe Abbildung, stehen auch im Makrokosmos die Felder senkrecht aufeinander.

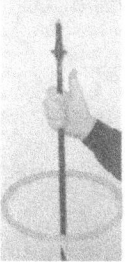
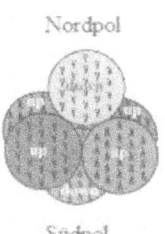

Wenn sich elektrische Ladungen bewegen, rufen sie ein magnetisches Feld hervor, das senkrecht zu den elektrischen Ladungen steht. Bewegte elektrische Ladungen treten nicht nur in stromführenden Leitern auf, sondern auch in den Atomhüllen, die von Elektronen gebildet werden, durch Eigenrotation der Elektronen (Elektronenspin).

Ein magnetisches Feld ruft Kraftwirkungen auf andere bewegte elektrische Ladungen hervor. Der Verlauf magnetischer Feldlinien lässt sich mit Hilfe von Eisenfeilspänen darstellen. Magnetische Feldlinien verlaufen kreisförmig um die sich bewegenden Ladungen; sie sind also im Gegensatz zu den elektrischen Feldern stets geschlossen. Die technische Stromrichtung und die Orientierung der magnetischen Feldlinien sind im Sinne einer Rechtsschraube definiert („rechte Daumenregel"): Rechter Daumen zeigt in Stromrichtung, angewinkelte Finger in Richtung des magnetischen Feldes).

Die Quarks und Antiquarks bilden, wie bereits erwähnt, einen kugelförmigen Atomkern mit einem Hohlraum im Zentrum. In diesem Hohlraum entstehen durch die hohe Rotationsgeschwindigkeit der Quarks und Antiquarks Eigenschwingungen in Form stehender Wellen wie in einer Pfeife, einem Hohlraumresonator oder an einer Saite und auch fortlaufende Wellen wie in einem Hohlleiter, Laserstrahl oder Glasfaserkabel. Entsprechend ihrer Energieverteilung können sie sich in verschiedene Richtungen ausbreiten. Bei diesen Schwingungen in den Atomkernen handelt es sich folglich um elektromagnetische Funkwellen, Mikrowellen, Laserstrahlen, Photonen und andere elektromagnetische Felder. Sie erzeugen auch die Elektronen, die als genau definierte Felder auch morphogene Eigenschaften haben. Die physikalischen Eigenschaften des Hohlraumes innerhalb der jeweiligen Atomkerne bestimmen die Resonanzfrequenzverteilung, welche wiederum von den jeweiligen Abmessungen abhängen. Deshalb werden nur bestimmte Frequenzen angeregt. Bei diesen Resonanzeffekten spielt sowohl der erhöhte Pegel als auch die zeitliche Fortdauer der Schwingung eine Rolle.

Die Elementarladung (Symbol: e) ist die kleinste frei existierende elektrische Ladungsmenge. Die Ladung freier Teilchen und von Materiemengen beträgt entweder Null oder ein ganzzahliges (positives oder negatives) Vielfaches von e. So besitzt ein Proton die Ladung $+e$. Die Quarks des Standartmodells besitzen nach der offiziellen Lehre die Ladungen von $+/- 1/3e$ oder $+/-2/3e$, kommen aber nicht als freie Teilchen vor, da Quarks grundsätzlich nur doppelt, also zu zweit, vorliegen. Folglich wird die Ladung der einzelnen Quarks entsprechend gedrittelt, damit die Mathematik stimmt und lediglich die Summe ihrer einzelnen Ladungen wird als Elementarladung bestimmt. Eine Naturkonstante auf diese Weise außer Kraft zu setzen, ist schlicht eine Frechheit und hat nichts mit wissenschaftlicher Vorgehensweise zu tun. Schließlich ist der Wert der Elementarladung maßgeblich für die Stärke der elektromagnetischen Wechselwirkung und da sollte man schon wissen, wovon man redet und welche Konsequenzen ein derartiges Vorgehen hat. Auch wenn man temporär den entsprechenden Einfluss und das nötige Durchsetzungsvermögen hat, die Natur wird sich den Vorgaben der Eliten nicht auf Dauer anpassen. Schließlich blieb die Erde auch nicht dauerhaft eine Scheibe und der Mittelpunkt des Universums.

Das Plancksche Postulat fordert und die Realität bestätigt, dass umso mehr Energie aufgebracht werden muss, je kürzer die anzuregenden Wellen sind. Das bedeutet, dass erstens ein Medium vorhanden sein muss und zweitens, dass dieses Medium eine bestimmte Dichte hat und nicht beliebig beweglich sein kann. Es verfügt folglich über eine bestimmte Starrheit, vergleichbar den Seiten eines Instrumentes. Aus diesem Grunde entspricht jeder geometrischen Gestalt ein ganz bestimmter Energiezustand der Elektronen seiner Atome. Zu jeder durch die Hauptquantenzahl n gekennzeichneten Hauptenergiestufe gehört ein kugelsymmetrisches s-Orbital. Sein Radius hängt von der Hauptquantenzahl n ab und wird mit wachsendem n entsprechend größer. Die Anzahl der innerhalb der s-Orbitale kugelförmigen Knotenflächen (d.h. Flächen, in denen die Aufenthaltswahrscheinlichkeit eines Elektrons gleich Null ist) beträgt $n-1$.

Die milliardenfache Emission von Lichtquanten (Photonen) durch die Elektronen angeregter Atome ergibt für das Auge den Eindruck von Lichtstrahlen. Die oben beschriebenen vier unterschiedlichen Quarkpaare sind auch für die Spektralfarben verantwortlich, die für jedes Element, also jede Atomart, so spezifisch sind, wie z.B. der Fingerabdruck für einen Menschen. Das Argument der Teilchenphysiker, dass Quarks keine Farbe haben können, weil sie wesentlich kleiner sind als die Wellenlänge des Lichtes, ist so nicht nachvollziehbar. Wie bereits von mir ausführlich dargelegt, entstehen elektromagnetische Wellen erst, nachdem das Photon auf eine Atomhülle aufgeprallt bzw. in die Atomhülle eingedrungen ist und als Folge der so bedingten Ladungsveränderungen innerhalb dieser Atomhülle Transversalwellen erzeugt hat, die von unserem Gehirn als Information erkannt werden.

Abstrahlung der Photonen Rot, Gelb, Grün, Blau

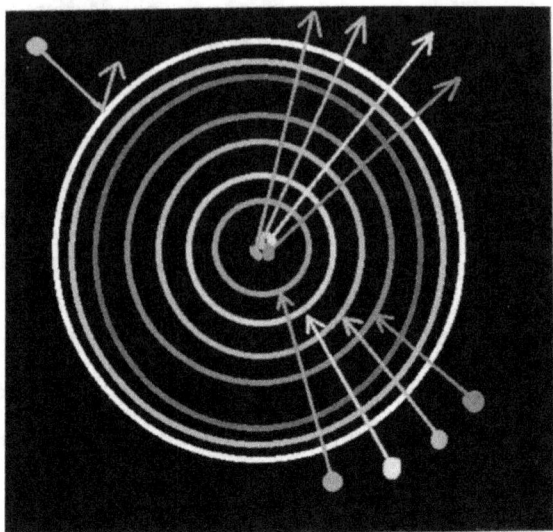

Atomkern und Atomhülle mit 7 Hauptschalen

Einfallende Photonen Rot, Gelb, Grün, Blau treffen auf ihnen entsprechende Hauptschalen

Wenn man vergleichsweise einen Stein in einen See wirft, so entstehen um die Stelle, in der er die Wasseroberfläche durchstoßen hat, ebenfalls Wellen, die um ein Vielfaches größer sind als der Stein selbst. Während ein Wassertropfen, der wie ein Teilchen wirkt, sich beim Auftreffen auf die Atomhüllen bzw. auf die Elektronen in den Atomhüllen der H_2O Atome sofort auflöst, sinkt ein kleiner Stein unverändert auf den Boden.

So wie ein Tropfen in eine Flüssigkeit, taucht das Photon als Teilchen in ein elektromagnetisches Feld ein, löst sich auf und erzeugt genau definierte transversale Schwingungen wobei es seine gesamte Energie auf ein Elektron überträgt und von der Materie absorbiert wird.

Die Quarks haben natürlich keine Farbe, aber die vier unterschiedlichen Quarkpaare formen die Strukturen der Elektronen, die keine Teilchen sondern dauernd wechselnde, unterschiedlich energiereiche elektromagnetische Felder sind. Das ist auch der Grund, warum der sogenannte Quantensprung gar kein Sprung von einer Energieschale auf die nächste ist, sondern ständig von den Quarks und Antiquarks neu gebildete elektromagnetischen Felder sind, die sofort neue spezifische Informationen als Photonen abstrahlen. Hier sei nur an Rundfunk- und Fernsehsender erinnert.

Unser Gehirn wandelt die unterschiedlichen Frequenzen in die vier Grundfarben und durch Interferenz in alle anderen Farben bzw. Farbeindrücke um. Ich möchte deshalb noch einmal nachdrücklich darauf hinweisen, dass Lichtwellen selbstverständlich keine Farbe haben. Die entsprechenden Frequenzen werden durch spezifische Zellen im Augenhintergrund wahrgenommen und über Neuronen als Informationen an das Gehirn weiterleiten, das daraufhin die unterschiedlichen Wellen in entsprechende Farbeindrücke umwandelt. Ein Proton hat, wie bereits wiederholt dargelegt, drei Quark-/Antiquarkpaare. Die beiden u-Quark-/ Antiquarkpaare sind für rot und blau verantwortlich. Dagegen werden gelb und grün durch die beiden d-

Quarkpaare erzeugt. Da man durch das Mischen der Spektralfarben grün und rot ebenfalls gelb erhält und die Mischung der Spektralfarben gelb und blau grün ergibt, können Protonen und Antiprotonen nicht durch Spektralanalysen voneinander unterschieden werden. Das Spektrum der d-Quarks liegt folglich zwischen den Spektren der beiden u-Quarks, die offensichtlich eine stabilisierende Funktion haben, während den d-Quarks die veränderlichen informativen Aufgaben zukommen.

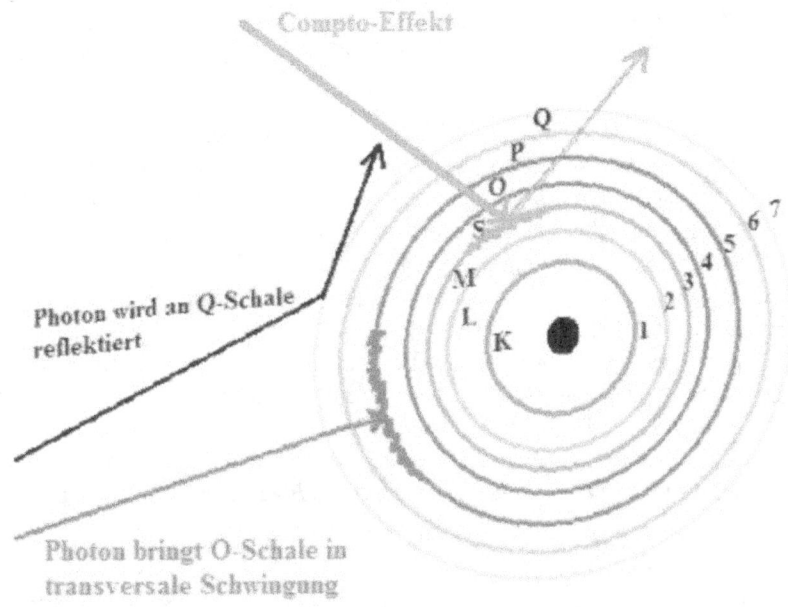

Hauptschale: K, L, M, N, O, P, Q

Hauptquantenzahl n: 1, 2, 3, 4, 5, 6, 7

Alle zur gleichen Hauptquantenzahl n gehörenden Energiezustände der Elektronen werden zu einer gemeinsamen Hauptschale zusammengefasst. Zur Beschreibung der Grundzustände der bis heute bekannten Atomarten genügen 7 Hauptschalen. Sie werden nach steigender Energie entweder nummeriert, wobei die Schalennummer gleich der Hauptquantenzahl n ist, oder mit Buchstaben K,L,M,N,O,P,Q bezeichnet.

In dem beschriebenen Sachverhalt ist auch die Ursache dafür zu sehen, dass die Natur ein „schwacher Linkshänder" ist, da das u-Quarkpaar, das für die blauen Photonen zuständig ist, energiereichere Photonen abstrahlt als das u-Quarkpaar, das die roten Photonen erzeugt. Die beiden u-Quark/Antiquarkpaare haben zwar die gleiche Masse aber eine andere Innenstruktur. Es wird folglich von dem Energiereicheren u-Quarkpaar geringgradig dominiert. Die Wechselwirkung der Protonen und der Neutronen im Atomkern ist wiederum von der unterschiedlichen Zusammensetzung der Quark/Antiquarkpaare abhängig. An dieser Stelle möchte ich auch noch einmal darauf hinweisen, dass die d-Quark/Antiquarkpaare die kleinstmöglichen Dipole sind, da die d-Quarks bzw. d-Antiquarks die bisher erfolglos gesuchten Nordmonopole und Südmonopole sind. Bleibt noch das Problem, dass die Wellenlänge der Farben, die unser Auge wahrnimmt, viel größer ist, als der Durchmesser der Quarks. Dieser Sachverhalt erklärt sich, wie bereits erwähnt, durch das Wellenmuster, dass Photonen beim Auftreffen auf die entsprechenden Schalen in den Atomhüllen der Atome auslösen, von denen sie absorbiert wurden. Ein Vorgang, der zeigt, wie tiefgreifend und wie sensibel die Funktionsmechanismen sind, die unser Leben ermöglichen, steuern und beherrschen.

Die Quantentheorie behandelt die Elektronen in den Wasserstoffatomen wie die Luft in einer Flöte. Während allerdings die Luft von äußeren Wänden gehalten wird, ist das Elektron im Wasserstoffatom von innen her an die jeweiligen Quarks bzw. Antiquarks gebunden. Die elektrischen Kräfte zwischen dem elektrisch positiv geladenen Atomkern und den elektrisch negativen schwingenden »Elektronenwolken«, die auch als Schalen bezeichnet werden, bilden stehende Wellen. Die verschiedenen Eigenschwingungsformen der Elektronenwolken in dieser Anordnung entsprechen den möglichen Zuständen des Wasserstoffatoms und damit des Wasserstoffgases. Was für die Saite der Grundton, ist für den Wasserstoff sein Grundzustand. Wird der Wasserstoff durch irgendwelche Einflüsse zu einer höheren Eigenschwingung angeregt, so kehrt er sehr schnell unter Aussendung charakteristischer Lichtstrahlung in seinen Grundzustand zurück. Die Wellenlängen solch abgestrahlten Lichtes lassen sich in einem akustischen Bild von der Materie berechnen. Das Rechenergebnis stimmt völlig mit allen experimentellen Befunden überein.

Das Rätsel der diskreten Zustände im Inneren der Materie findet also in der Quantentheorie seine Auflösung durch Begriffe wie »Eigenschwingungen«, »Eigenfrequenzen« und »Resonanzen«, die ihren klassischen Ursprung in der Akustik haben. In der Akustik bezieht sich, wie schon gesagt, die Berechnung nicht auf Töne und Klänge, sondern auf Schwingungen, und zwar letztlich auf solche Luftschwingungen, die unser Ohr erreichen können. Diesen Schwingungen werden dann erst die Töne, Klänge, Laute und Geräusche gemäß empirischer Regeln zugeordnet. Ganz entsprechend rechnet die Quantentheorie nicht eigentlich mit Elektronen, nicht einmal mit Elektronenwolken oder sonst irgendeiner Größe, die nach dem Muster klassischer materieller Kategorien gebaut ist, sondern mit etwas Feinstofflichem, dem Äther, der da schwingt; man könnte es als einen mit „Äther gefüllten Raum" bezeichnen. Auch Einstein hielt einen, sich durch Energie, Masse und Schwerkraft offenbarenden Stoff für unverzichtbar. So sagte er z. B. in seiner 1920 in Leiden gehaltenen Rede „Äther und Relativitätstheorie": ***„Den Äther leugnen bedeutet letzten Endes annehmen, dass dem leeren Raum keinerlei physikalische Eigenschaften zukommen."***

An dieser Stelle möchte ich noch einmal an die Energiezustände der Elektronen erinnern, die man zu einer gemeinsamen Hauptschale zusammengefasst hat. Zur Beschreibung der Grundzustände der bis heute bekannten Atomarten genügen 7 Hauptschalen. Diese Schalen wirken wie Saiten, Membranen oder Resonanzkörper.

Die Zahl 7 spielt auch in der Musik eine entscheidende Rolle. Unserem Tonsystem liegt nämlich primär eine heptatonische (siebentönige) Leiter aus 5 Ganz- und 2 Halbtonstufen im Abstand von 2 oder 3 Ganztönen zu Grunde. Diesen spezifischen Wechsel von Ganz- und Halbtonstufen bezeichnet man als Diatonik (gr. = durch ganze Töne). Erinnert man sich an die sieben Energiestufen in jeder Atomhülle, so wird verständlich, warum 5 Ganz- und zwei Halbtonstufen die Tonleiter ausmachen. Die d-Quarks und Anti-d-Quarks haben nur eine halb so große Ladung wie die 2 u-Quarks und die 2 Anti-u-Quarks. Entsprechend ist die elektromagnetische Schwingung nur halb so stark, so dass man sie als einen Halbton wahrnimmt, vergleichbar einer Saite. Im Unterschied zu den Photonen, die direkt auf die Rezeptoren im Augenhintergrund treffen, müssen die mechanischen Schallwellen von den Sinneszellen des Cortischen Organs in elektrische Impulse, sog. Aktionspotentiale, umgewandelt und über Nervenfasern dem Gehirn vermittelt werden. So lässt sich die siebentönige Leiter mit 5 Ganztönen und 2 Halbtönen z.B. die Stufenfolge der c-Dur Tonleiter wie folgt schreiben: **c - d - e - f - g - a - h - (c′)**. Nach diesen sieben Tönen erfolgt eine Wiederholung der einzelnen Töne in der gleichen Reihenfolge, allerdings in doppelt so hoher Grundfrequenz wie die ersten Töne. Sie klingt also eine Oktave höher. Wir haben es folglich mit einer Periodenverdopplung zu tun. Dieser Vorgang ist aus der Chaosforschung bekannt. Auch in diesem Falle leistet die Chaosforschung einen entscheidenden Beitrag zum Verständnis von Wechselwirkungen und

Funktionsabläufen.

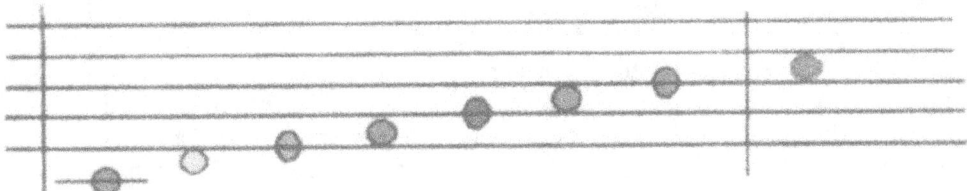

Diatonik: 7 tönige Leiter mit 5 Ganz- und 2 Halbtönen, z.B. der

c-Dur Tonleiter: c - d - e - f - g - a - h - (c′)   Stufenfolge: 1 - 1 - ½ - 1 - 1 - 1 - ½

Wie ist es aber möglich, dass man sieben bis acht Oktaven hören kann, obwohl die 7 Energiestufen der Atomhülle nur 7 Tonstufen zulassen. Im Innenohr übertragen die Gehörknöchelchen - Hammer, Amboss und Steigbügel - die Schwingungen des Trommelfells auf die flüssigkeitsgefüllte Schnecke des Innenohres. Sie besteht aus drei nebeneinander aufgerollten Röhrchen, die voneinander durch Membranen getrennt sind. Die Flüssigkeit erzeugt je nach Tonhöhe kurze energiereiche und lange energieschwache Wellen im Inneren der Schnecke. Die trennenden Häute schwingen im Rhythmus dieser Wellen mit. So entsteht ein Wellenmuster, das sich mit dem Aufsteigen der Töne in der Innenohrschnecke innerhalb einer Oktave um einen Wellenberg der Grundfrequenz verschiebt. Das Wellenmuster ist dann gleich dem der Ausgangssituation. Auf einer der oben erwähnten Membranen, der Basilarmembran, sitzen feine Härchen mit Nervenzellen, die die Wellenmuster in elektromagnetische Impulse umsetzen und an das Gehirn zur Weiterverarbeitung und Analyse fortleiten. Würden die Ohren schwingenden Mikrofonmembranen ähnlich, als rein passive Empfänger dienen, so ist die allgemeine Ansicht, könnten sie die jeweiligen Tonhöhen nicht so deutlich trennen und so fein unterscheiden.

Deshalb wird das Gehör als ein aktives System mit „Rückkopplung" zwischen Innenohr und Gehirn verstanden. Wie das aber funktioniert, ist bisher unklar. Ich habe diesen Sachverhalt so ausführlich beschrieben, weil er nach meiner Überzeugung zeigt, dass das Hören nicht auf molekularer Ebene beschränkt ist, sondern wie das Sehen und die Homöopathie auch die Innenstruktur der einzelnen Atome, also Atomhüllen und Atomkerne, einbezieht. Die sieben Energiestufen jeder Atomhülle, wobei die siebente ebenso die energiereichste Schale ist, wie der siebente Ton die kurzwelligste und damit ebenfalls die energiereichste Schwingung (Frequenz) darstellt, ermöglichen die entsprechenden Verrechnungen im Gehirn des jeweiligen Betrachters bzw. Zuhörers, so dass er das Erlebnis des Hörens und Sehens haben kann. Für den kranken Patienten wird durch die Homöopathie auf dieser elementaren Ebene die Gesundheit wieder hergestellt.

Durch die Resonanz der jeweiligen Energiestufen in den Atomhüllen ergibt sich, wie bei unterschiedlich gestimmten Stimmgabeln, die erstaunliche Trennschärfe zwischen den einzelnen Tonhöhen innerhalb einer Oktave. Die entsprechend höheren Oktaven werden an der Zahl der Wellenverschiebungen im Innenohr registriert, ähnlich wie dies bei mechanischen Rechenmaschinen der Fall ist. Es erfolgt also eine Summation oder Subtraktion der Oktaven. Mit Computern lässt sich dieser Vorgang simulieren. Nur ein reiner Sinuston, wie ihn ein elektronischer Tongenerator erzeugen kann, besteht aus einer einzigen Frequenz. Natürliche Schallquellen strahlen jedoch gewöhnlich ein ganzes Spektrum von Tönen und damit Schallfrequenzen ab. Dabei handelt es sich um den Grundton und harmonische Obertöne, die ganzzahlige Vielfache der Grundfrequenz sind. Aus der Sicht der Chaosforschung ist jedes Tonspektrum unendlich vieler Obertöne fraktal. Fraktale sind oft selbstähnlich, d.h. Ausschnitte aus einer Struktur oder Frequenz gleichen sich selbst. So ähnelt ein Ast dem ganzen Baum, ein Zweig dem ganzen Ast. Die meisten natürlichen Formen, wie Gebirge, Pflanzen oder Wolken haben im Unterschied zu geometrischen Gebilden wie Kegel oder Kugeln fraktale (lat. fractum = gebrochen) Eigenschaften. Die fraktale Geometrie ist, wie bereits schon früher beschrieben, eine der „Sprachen", mit deren Hilfe sich Ordnungsprinzipien im Chaos zeigen lassen.

Anders als z.B. die Begrenzungslinien von Rechtecken, Dreiecken oder Kreisen, wie sie aus der Geometrie bekannt sind, sind die Begrenzungslinien fraktaler Strukturen nicht glatt, sondern rau und jede Vergrößerung zeigt wiederum neue Strukturen. Auch viele nichtlineare Systeme verhalten sich fraktal. So stellte schon Leonardo da Vinci fest, dass sich Wirbel aus immer kleineren Wirbeln zusammensetzen. Luftdruckschwankungen beim Wetter zeigen ebenso wie die Druckschwankungen des Schalles (also von Tönen) in jedem Zeitmaßstab wieder neue Schwankungen. Programmierer von Computerspielen setzen Fraktale ein, um besonders natürlich wirkende Landschaften vorzutäuschen. Diese Sachverhalte kann man sich zu Nutze machen, um das Gehör einerseits zu täuschen, andererseits aber auch seine Funktionsweise aufzuzeigen. Natürliche Schallquellen strahlen ein ganzes Spektrum von Tönen ab, wobei der Grundton von harmonischen Obertönen, die ein ganzzahliges Vielfaches der Grundfrequenz sind, überlagert wird. Mathematisch gesehen ist ein Spektrum derart vieler Obertöne fraktal, also selbstähnlich. Die Überlagerung dieser Schallwellen geht aus einer Verdopplung oder Halbierung aller Frequenzen im Prinzip unverändert hervor.

Die unterschiedliche Intensität der einzelnen Obertöne verleiht dem jeweiligen Musikinstrument seinen charakteristischen Klang. Erzeugt man jedoch „nichtharmonische" Töne, indem man z.B. einen Radiorecorder an einen Heimcomputer anschließt, werden die ganzzahligen Obertöne in einzelne Bruchstücke zerlegt. Auch ein Spektrum „nichtharmonischer" Obertöne hat selbstähnliche Struktur. Allerdings schwingen diese Obertöne nicht auf ganzzahligen Vielfachen der Grundfrequenz. In der Hierarchie der Obertöne kann jeder in einer Frequenz schwingen, die im Vergleich zu dem darunterliegenden Ton etwas mehr als doppelt so groß ist. Auf einem Monitor lässt sich das als eine zerklüftete Wellenform darstellen. Das Gehör wird durch den verzerrten Klang irritiert und „versucht" das Tongemisch harmonisch einzuordnen. Da aber, wie bereits oben beschrieben, jedes Atom nur sieben Energieschalen besitzt, wird diejenige in Schwingung geraten, vergleichbar einer Stimmgabel, die dem verzerrten Ton am ähnlichsten ist. Der Akustiker würde sagen, dass das Gehör das Lautgemisch als Harmonie zu interpretieren versucht. Dieser Sachverhalt kann dazu führen, dass man durch Verdoppeln aller Teiltöne also um eine Oktave, nicht etwa einen Anstieg, sondern ein leichtes Absinken des Tones hört. Da die betreffenden Obertöne etwas größer gewählt waren, als die im Vergleich darunterliegenden Töne, hat nun jeder in seiner Frequenz verdoppelte Oberton eine etwas kleinere Frequenz als der nächst höhere Oberton vor der Verdopplung. Durch die Selbstähnlichkeit ist der Effekt der gleiche, als seien alle Töne leicht abgesenkt worden. Würde man also unter diesen Voraussetzungen eine Tonleiter spielen, würde man nie die nächste Oktave erreichen. Die Tonleiter würde vielmehr jedes Mal mit einem Grundton beginnen, der ein wenig tiefer als zuvor ist.

Diese lange Ausführung war notwendig, um zu zeigen, dass das Gehör die Tonhöhe nach dem Wellenmuster im Innenohr und der Resonanz der Energieschalen in den Atomhüllen festlegt. Allein die Kenntnis der anatomischen Gegebenheiten erklärt das Geheimnis des Hörens nicht. Und jetzt schließt sich wieder der Kreis zur Homöopathie. Der Ton, also eine nicht stoffliche Information im Sinne der Physik, und damit etwas „Geistiges" im Sinne Hahnemanns, gehorcht streng den Gesetzen der Physik und Chemie. Aus diesem Grunde spricht auch Hahnemann immer wieder von der Harmonie in einem gesunden Körper und einer Störung eben dieser Harmonie bei einem Kranken. Da alle Informationen letztlich an elektromagnetische Wechselwirkungen gebunden sind, wird auch verständlich, warum homöopathisch aufbereitete Arzneien ebenso wie die Bachblüten-Therapie, Musik und Farben Einfluss auf unser Befinden ausüben und warum elektromagnetische Störschwingungen, die zu Erkrankungen führen, durch spiegelbildliche elektromagnetische Felder, die auf verschiedene Weise durch die oben erwähnten Therapien dem Patienten zugeführt werden, durch Interferenz gelöscht werden können. Das bedeutet, dass der erkrankte Organismus in sein ursprüngliches harmonisches elektromagnetisches Schwingungsmuster zurückfindet, was Gesundheit bedeutet. Diese inzwischen allgemein bekannte Tatsache macht man sich z.B. auch vielfach bei Tonträgern zu Nutze, indem man störende Geräusche durch Interferenz löscht und so wieder ein harmonisches Klangbild erzeugt.

Wenn also ein Arzt an einem Patienten eine Krankheit diagnostiziert, so beschreibt er biochemische Fehlsteuerungen oder unterschiedlich manifeste Organschäden. Beide Befunde sind aber im eigentlichen Sinne die Folgeerscheinungen einer Störung, die in den morphogenen Feldern und damit in einer Störung der elektromagnetischen Schwingungsmuster des jeweiligen Organismus ihre Ursache haben, lange bevor der Patient oder der Schulmediziner etwas bemerken bzw. feststellen können. Interessant ist in diesem Zusammenhang, dass in der Akustik beim Zusammenklingen zweier annähernd gleich hoher Töne, also zweier Töne, deren Frequenzen sich nur um einen geringen Betrag unterscheiden, man ein periodisches An- und Abschwellen nur eines Tones hört, eine Erscheinung die man als Schwebung bezeichnet. Die Frequenz mit der diese Amplitudenschwankung erfolgt, wird entsprechend als Schwebungsfrequenz bezeichnet. Eine vergleichbare Erscheinung kennen wir aus der Homöopathie. So hatte Hahnemann beobachtet, dass zwei ähnliche Krankheiten nie am gleichen Patienten zur gleichen Zeit auftreten, während ein Mensch durchaus gleichzeitig an mehreren unterschiedlichen Krankheiten erkranken kann, diese Krankheiten also nebeneinander bestehen können. Da die periodischen Umwandlungen von elektrischer Energie in magnetische Energie und umgekehrt von magnetischer Energie in elektrische Energie als elektromagnetische Schwingungen bezeichnet werden, wird verständlich, warum nach dem Simileprinzip Hahnemanns zwei ähnliche Krankheiten nicht gleichzeitig bei ein und demselben Patienten auftreten können. Es ist schon erstaunlich, wie dieser Mann beobachten und vernetzt denken konnte. Es zeigt aber auch, dass seine Lehre auf festen Füßen steht. So fest, dass die Physik und die Chemie auf bestimmten Gebieten anfangen werden zu wackeln. Es ist nur eine Frage der Zeit wann das Umdenken beginnt. Sagte nicht schon der alte Bismarck: „Eine Wahrheit kann nicht auf Dauer niedergelogen werden?"

Die Quantenchromodynamik

Vier Quark/Antiquarkpaare erzeugen die Elektronen, die durch Abstrahlung ganz bestimmter, für sie kennzeichnender Wellenlängen in Form von Photonen die Grundfarben blau, grün, gelb und rot in unserem Gehirn entstehen lassen, da es in der dunklen Mikrowelt keine Farben gibt. Die Farben sind vom Gehirn generierte Erlebnisqualitäten elektromagnetischer Strahlung in einer absolut farblosen Welt. Bisher bediente man sich allerdings der Drei-Farben-Theorie, entsprechend der offiziellen Lehre. Nach dieser Theorie lassen sich durch additive Mischung aus den 3 Grundfarben, z. B. Rot-Grün-Blau (RGB-Farbraum) alle anderen Farben erzeugen.

Seit einiger Zeit wird zunehmend das Natural Color System (NCS- Farbraum) benutzt, das von den vier bunten Grundfarben Gelb (Y), Grün (G), Rot (R) und Blau (B) ausgeht. Das Natural Color System ist das einzige Farbsystem, das Farben genau auf die Art beschreibt, wie wir sie sehen. Wegen seiner hohen Farbgenauigkeit bei der Erstellung von Bildern ist es dem sogenannten *RGB*-Farbraum der Drei-Farben-Theorie überlegen. Seit seiner Einführung im Jahr 1978 ist das NCS-System in Schweden, Norwegen, Spanien und Südafrika als nationale Norm zur Farbkommunikation etabliert worden.

Auch Windows bedient sich der vier Grundfarben.

Aber kein Physiker erklärt, woher die Elektronen ihre Energie bekommen, um nicht zu zerfallen und auch niemand sagt etwas dazu, wie die Photonen entstehen, die im Auge auf unsere Netzhaut treffen und für das jeweilige Farbempfinden so typisch sind, dass sie z. B. wie ein Fingerabdruck jedes Element über die Spektralanalyse erkennen lassen. Stattdessen benutzen die Teilchenphysiker die Erkenntnisse der Farbenlehre, um etwas über die fiktive „starke Kernkraft" erdichten zu können.

Die Quantenchromodynamik (QCD) ist eine Quantenfeldtheorie mit deren Hilfe Teilchenphysiker die „Starke Wechselwirkung" zu beschreiben versuchen. Was sie als Farbe bezeichnen, hat nichts mit unserem Farbempfinden zu tun. Der Begriff Farbe wurde von den Experten gewählt, weil ihnen das Wissen über das Verhalten reeller Farben geeignet erschien, das Verständnis der Wechselwirkungen im Mikrokosmos, in diesem Falle der sogenannten „Starken Kernkraft", zu erleichtern. Nach der Quantenchromodynamik tritt jedes Quark in einer der drei Grundfarben Rot, Gelb oder Blau auf, jedes Antiquark dagegen in einer der drei Komplementärfarben. Werden die drei Grundfarben oder die drei Komplementärfarben gemischt, so erhält man weiß. Da Baryonen (zur Klasse der Baryonen gehören unter anderem das Proton und das Neutron, die auch unter dem Sammelbegriff als Nukleonen geführt werden) nach dem Verständnis der Teilchenphysiker aus drei Quarks bestehen sollen, obwohl Quarks auf unserem Planeten immer nur paarweise anzutreffen sind, wird deshalb behauptet, dass drei Quarks mit den „Farben" ein Proton bilden.

rot, gelb, blau ⟶ weiß

Deshalb wird die Wechselwirkung von Quarks und Gluonen (Gluonen = Elementarteilchen, die indirekt für die Anziehung von Protonen und Neutronen in einem Atomkern verantwortlich sein sollen), von den Teilchenphysikern wie oben dargelegt, beschrieben und erklärt. „Dicht an der Wahrheit, aber doch daneben" kann man da nur sagen, da durch die Urknalltheorie und die mathematisch konstruierten Atommodelle der Bezug zur Realität verloren gegangen ist. Während der Urknall blanker Unfug ist, haben sich die unterschiedlichen Atommodelle für bestimmte Problemlösungen bewährt, sie werden aber unbrauchbar, wenn sie verallgemeinert werden und beschreiben nicht die Realität.

In der Realität sind Quarks ebenso wie Photonen farblos. Der Farbeindruck entsteht, wie bereits beschrieben, über chemische Prozesse in den sogenannten Rezeptoren in der Netzhaut des Auges, was wiederum zu entsprechenden elektromagnetischen Informationen im Gehirn führt.

Nach der Gegenfarbentheorie von Hering (1834–1918) kann man sich Farbeindrücke wie „gelbliches Blau" oder „rötliches Grün" nicht vorstellen, weil keine Farbe zugleich rötlich und grünlich oder gleichzeitig Gelb und Blau sein kann. Die Ursache ist der gegenseitige Ausschluss von Rot + Grün, das zu Gelb wird. Die Wellenlänge von Gelb liegt zwischen den Wellenlängen von Rot und Grün sowie Blau und Gelb, das zu Grün wird.

■ + ■ = ■   ■ + ■ = ■ .

Die Farbwahrnehmung ist als Teilbereich des Sehens, die Fähigkeit, Licht in Abhängigkeit von der Wellenlänge der elektromagnetischen Strahlung verschieden wahrzunehmen. Dabei können unterschiedliche spektrale Zusammensetzungen des Farbreizes zur gleichen Farbwahrnehmung führen, weshalb allein aus der wahrgenommenen Farbe nicht auf die Zusammensetzung des Farbreizes geschlossen werden kann. Photonen können in den Sehzellen, den Photorezeptoren, eine Umbildung an einem zusammengesetzten Protein des Sehpurpurs bewirken und durch anschließende biochemische Vorgänge elektrische Signale auslösen. Über die Sehnerven, die in der Netzhaut beginnen, werden diese Signale ins Zentralnervensystem geleitet und zu einem Farbeindruck verarbeitet.

Bei Betrachtung aller Farbtöne erscheinen für die meisten Menschen die vier Farben Rot, Grün, Gelb und Blau als besonders rein. Hering bezeichnete diese Farben als Urfarben. Andere Farbtöne empfindet man immer als Mischung. Beim längeren Betrachten einer Farbfläche und anschließender Betrachtung einer neutralen hellen Fläche entstehen Nachbilder in der jeweiligen Gegenfarbe. Diesen Prozess nennt man Sukzessivkontrast, (lat. succedere = nachfolgen).

Diese Nachbilder entstehen bei der Farbwahrnehmung durch die Anpassung des Auges gegenüber bestimmten Lichtreizen der Netzhautrezeptoren. Dabei verbrauchen sich die Pigmente für eine der drei Grundfarben, der das Auge für längere Zeit ausgesetzt ist, so dass die Reaktionen der entsprechenden Nerven immer schwächer werden. Durch diesen Umstand befindet sich das entsprechende Gegenfarbensystem nicht mehr im Gleichgewicht, was zur Folge hat, dass die Gegenfarbe des ursprünglichen Reizes erscheint. Man sieht ein Nachbild des Objekts in Komplementärfarben. Ganz nebenbei. Eine derartige Erscheinung lässt sich übrigens nicht mit der weitverbreiteten Dreifarbentheorie, dem *RGB*-Farbraum, erklären.

Quarks und Antiquarks bilden ein Proton

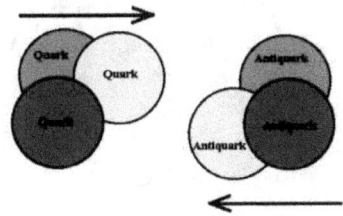

Wenn man etwa 30 Sekunden genau auf den Protonkern und anschließend auf eine weiße Fläche schaut, sieht man die Gegenfarben.

1966 bestätigten endlich neurophysiologische Untersuchungsergebnisse, dass es vier grundlegende Farbempfindungen gibt. Die drei verschiedenen Zapfentypen im Auge, die jeweils für kurz- (blau), mittel- (grün) und langwellige (rot) Lichtstrahlen empfindlich sind, liefern Impulse an die nachgeschalteten neuronalen Farbkanäle. Auf der neuronalen Ebene werden die Farbreize „verschaltet" : Rot und Grün werden subtrahiert, die Differenz wird im Rot-Grün-Kanal weitergeleitet; die Addition von Rot und Grün ergibt dagegen die Empfindung von Gelb; diese Impulse werden vom Blau subtrahiert und im Gelb-Blau-Kanal weitergeleitet. Alle Farben werden außerdem gegeneinander abgewogen und in einem Signal im Schwarz-Weiß-Kanal zusammengefasst. So entstehen die drei Empfindungsdimensionen: 1. Helligkeit, 2. Gelb-Blau-Komponente, 3. Rot-Grün-Komponente, aus denen dann mehrere tausend Farbarten unterschieden werden können. Ein Glück, dass sich die tonangebenden Experten dieses Sachverhaltes nicht bewusst sind, denn sonst müssten wir zwangsläufig in einem fünfdimensionalen Raumzeit-Farbraum leben und die gutgläubige Öffentlichkeit würde das auch kritiklos hinnehmen.

Drei Quarks und drei entsprechende Antiquarks bauen ein kugelförmiges Gebilde auf, das sich nach allen sechs Seiten und somit nach allen Himmelsrichtungen orientieren kann.

Wird die Rotationsachse dieser Quarks um 90 Grad nach der linken oder rechten Seite gekippt, so erfolgt die Rotation nach vorne oder nach hinten, also auf uns zu oder von uns weg. Wird dagegen die Rotationsachse um 90 Grad nach vorne oder nach hinten gekippt, also auf uns zu oder von uns weg, so erfolgt die Rotation nach links (Westen) oder nach rechts (Osten). Die Quarks besitzen folglich die Fähigkeit je nach Lage und Position oben und unten, links und rechts sowie vorne und hinten zu unterscheiden. Diese spiegelbildlichen Spins lassen sich, wie die Ladung auch als + oder - kennzeichnen.

Die Quarks können folglich ihre Wirkung gegenseitig verstärken oder ihre Wirkung gegenseitig aufheben. Quarks können sich aber nicht gegenseitig vernichten, wie dies die Anhänger der Theorie von Materie und Antimaterie behaupten. Das ist der gravierende Unterschied zwischen Realität und offizieller Lehre. Die Physiker setzen nämlich Eigenschaften und Wirkungen mit den Trägern eben dieser Eigenschaften und den Verursachern eben dieser Wirkungen gleich. Aber bereits Heraklit lehrte: *„Der Schein beharrlicher Dinge entsteht nur dadurch, dass einander entgegenstehende Kräfte sich vorübergehend ins Gleichgewicht setzen"*, wie auch das in Bayern weit verbreitete „Fingerhakeln" eindrucksvoll veranschaulicht.

Doch zurück zu den Quasaren und dem Spin. In diesem Zusammenhang ist darauf hinzuweisen, dass bei ihnen Pole im eigentlichen Sinne des Wortes gar nicht existieren. Nord- und Südpol sind lediglich die Bezeichnungen für die beiden Enden einer imaginären Rotationsachse. Dies lässt sich sehr leicht durch den Kreiselkompass veranschaulichen. Beim Kreiselkompass nutzt man die Tatsache, dass ein schnell rotierender Kreisel mit nur zwei Freiheitsgraden versucht, seine Rotationsachse parallel zur Erdachse zu stellen. So zeigt auch der Kreiselkompass im Gegensatz zum Magnetkompass exakt die geographische Nord-Süd-Richtung und nicht die magnetische Nord-Süd-Richtung an, die bekanntlich von der geographischen Nord-Süd-Richtung um die lokale Missweisung (Deklination) abweicht.

Zusammenfassend ist festzuhalten, dass es vier Quark-Arten gibt, die sich durch ihre Innenstruktur voneinander unterscheiden. Wie auf der Skizze weiter oben zu erkennen, sind die Ätherteilchen in den vier unterschiedlichen Quarks entweder horizontal nach links oder rechts bzw. vertikal nach oben oder unten ausgerichtet. Diese vier unterschiedlich aufgebauten Quarks haben, je nachdem an welchem Pol sie ausgestoßen wurden, einen spiegelbildlichen Spin. So existieren grundsätzlich acht verschiedene Quarks. Da der Spin der „Nordpol-Quarks" entgegengesetzt zu dem Spin der „Südpol-Quarks" orientiert ist, kann man auch von vier Quarks mit dem Spin (+) und vier Anti-Quarks mit dem Spin (-) sprechen, weil sich die Felder dieser Spins gegenseitig in ihrer Wirkung aufheben können.

Das moderne Weltbild

Da die Quarks mit Geschwindigkeiten von bis zu 15000 km/sec rotieren (GEO: Teilchenphysik, Verlag Gruner und Jahr, Nr.7, 1987 S.82), sind sie die kleinsten und zugleich leistungsfähigsten Generatoren. Diese „Nano-Generatoren" sind sozusagen die Prototypen aller Generatoren, vergleichbar den Generatoren in den Kraftwerken, die die öffentliche Stromversorgung sicherstellen, den Lichtmaschinen in den Kraftfahrzeugen oder dem Dynamo beim Fahrrad. Angetrieben werden die „Atom-Kern-Generatoren" durch die Schwerkraft. Da die Ätherteilchen neutral sind, können sie problemlos jede Atomhülle durchdringen. Lediglich an der Oberfläche der Quarks und Antiquarks werden sie reflektiert und prallen auf andere Quarks und Antiquarks. Dadurch entsteht eine Krängung der getroffenen Teilchen, die zu einer Rotation führen. Da ein Quark so kompakt ist, dass sich in ihm keine Teilchen bewegen können, vermag es den Energiestrom (Ätherteilchenstrom) auch nicht in Wärme umzuwandeln, was zur Folge hat, dass die gesamte Energie in die Rotationsbewegungen der Quarks umgesetzt werden muss. In einem Generator entsteht durch Rotation grundsätzlich immer eine Elektrizitätsströmung in wechselnder Richtung, also ein Wechselstrom. Im Atomkern wird das durch die dauernde Umwandlung von Protonen in Neutronen und umgekehrt bewirkt. Man unterscheidet Wechselströme nach der Zeitdauer ihrer Periode bzw. deren reziprokem Wert, der Frequenz (d.h. der Wechselzahl pro Sekunde; Einheit: 1 Hertz [Hz]). Wechselströme hoher Frequenz bis zu einigen GHz (1Gigahertz = 10^9 = 1 Milliarde Hertz) finden in der Funktechnik ihre Anwendung. Dies hat seine Ursache darin, dass ein Wechselstrom ein mit seiner Frequenz in Richtung und Stärke schwankendes Magnetfeld erzeugt und selbst von einem elektrischen Feld derselben Frequenz erzeugt wird. Dieses elektromagnetische Feld wandert mit Lichtgeschwindigkeit durch den Raum, d.h. mit rund 300 000 km je Sekunde. Dabei wird Energie (Ätherteilchen mit unterschiedlichsten Bewegungsmustern) in Form von Quanten (umschriebenen Energieteilchenverwirbelungen), als elektromagnetische Strahlung in den Raum abgegeben. Dieser Energieverlust wird dem jeweiligen Atomkern, wie beschrieben, durch die Gravitationskräfte in Form von Ätherteilchen kontinuierlich wieder zugeführt. Wegen des periodischen Charakters dieser Strahlung spricht man auch von einer elektromagnetischen Schwingung und wegen der vermuteten Ähnlichkeit der Ausbreitung mit der einer Wasserwelle von einer elektromagnetischen Welle. Tatsache ist aber, dass Photonen, in derart kompakten spezifischen elektromagnetischen Feldern mit spezifischen Informationen abgestrahlt werden, so dass Teilchenphysiker auch heute noch von Teilchen Sprechen. Da sich Photonen mit Lichtgeschwindigkeit ausbreiten und sich nichts schneller bewegen kann, ist das Photon, das heißt sein elektromagnetische Feld wie eingefroren und wirkt auch wie ein Teilchen, vergleichbar einem Hagelkorn, das ja auch nur ein gefrorener Wassertropfen ist.

Elektromagnetische Wellen treten aber immer erst dann auf, wenn diese elektromagnetischen Ladungsträger auf eine Atomhülle auftreffen wodurch sich die elektromagnetischen Strom- und Ladungsdichten räumlich und zeitlich ändern. Sie entstehen z.B. beim Fließen hochfrequenter Wechselströme in Antennen und in Schwingkreisen, als Abstrahlung eines Hertzschen Dipols, durch Quantensprünge der Elektronen in angeregten atomaren Systemen (Emission von Licht, Infrarot-, Ultraviolett- oder Röntgenstrahlung) bzw. der Protonen in angeregten Atomkernen. Ihre Frequenzen bzw. Wellenlängen bilden das sog. Elektromagnetische Spektrum. Die Entstehung der in der Funktechnik genutzten elektromagnetischen Wellen geht stets auf hochfrequente Wechselströme zurück. Für die Erzeugung höchstfrequenter Schwingungen ist der sog. Hohlraumresonator ein wichtiges Bauelement. Das Proton ist so ein Hohlraumresonator, der aus einem Schwingkreis kleinster Kapazität und Selbstinduktion geradezu in idealer Weise die Anforderungen an einen Hohlraumresonator erfüllt. Dabei entsprechen die u-Quarks/Anti-u-Quarks und das d-Quark/Anti-d-Quark den Platten eines Kondensators. Schwingkreise dienen z.B. als Abstimmungsvorrichtungen in Rundfunkempfängern, als offene Schwingkreise in Form von Antennen und als Sende- und Empfangsvorrichtung für elektromagnetische Wellen. Der Energieverlust durch die Abstrahlung von „elektromagnetischen Wellen" des Senders, in diesem Falle des Protons, wird durch die Gravitationskräfte kontinuierlich ausgeglichen, die die Quarks und Antiquarks unterschiedlich schnell am Rotieren halten. Wie bei der Antenne eines Empfängers bringen die einfallenden „elektromagnetischen Wellen" von zahlreichen Sendern das elektrische Feld in den Atomhüllen nur dann zum Schwingen, wenn sie mit einer ganz bestimmten Frequenz in Resonanz treten. Vergleichbar kommunizieren auch Atome untereinander, indem sie über Photonen und elektromagnetische Felder Informationen empfangen bzw. abstrahlen. Ein spezieller Eingangsschwingkreis in Form des Elektrons wählt aus dem Gemisch der unterschiedlichsten Photonen die Trägerschwingung eines bestimmten Senders aus. Sender und Empfänger stehen also in Resonanz. Entscheidend für die jeweilige Selektion des Signals ist die Eigenfrequenz des „Empfängeratoms". Wie bereits in meinem Buch „Das Märchen vom Urknall" (BoD Verlag auf Seite 96 und 97) ausführlich beschrieben, bilden drei Quarks und drei Antiquarks ein Proton, den Atomkern des Wasserstoffs. Die Topologie der Quarks und Antiquarks bedingt, dass ein Proton in seinem Zentrum einen Hohlraum besitzt, von dem acht Kanäle eine Verbindung zur Atomhülle herstellen.

Ein Proton mit den acht kanalartigen Verbindungen zwischen zentralem Hohlraum und Atomhülle (senkrechte Aufsicht).

Vier Kanäle bilden eine Verbindung zwischen der „nördlichen" Atomhüllenhälfte und dem Zentralhohlraum, indem sie in einem Winkel von 45 Grad zwischen Nordpol und Äquatorebene zum bzw. von dem Zentralhohlraum abgehen. Die einzelnen Kanäle sind horizontal jeweils um einen Winkel von 90 Grad versetzt (nach vorne, nach hinten, nach rechts und nach links). Die anderen vier Kanäle sind spiegelbildlich gelagert und stellen so die Verbindung zwischen der „südlichen" Atomhüllenhälfte und dem zentralen Hohlraum her. Nach diesen Ausführungen wird verständlich, warum Atomhüllen eine bestimmte Struktur aufweisen. Die Ursache hierfür liegt in dem unterschiedlichen Energiegehalt der einzelnen Elektronen innerhalb dieser Atomhülle. Bohr erkannte als erster, dass die Elektronen nur ganz bestimmte Energiezustände einnehmen können. Das Gebiet um einen Atomkern, in dem sich ein Elektron bestimmten Energiegehaltes mit größter Wahrscheinlichkeit aufhält, wird als Orbital bezeichnet. Jedes Orbital erstreckt sich im Prinzip ins Unendliche, es gibt also keine scharfe Grenze. Die Wahrscheinlichkeit, ein Elektron weiter als in einer Entfernung der Größenordnung von 10^{-10} m vom Atomkern anzutreffen, ist jedoch sehr gering.

Aus diesem Grunde wird ein Orbital willkürlich auf einen Raumabschnitt begrenzt, in dem sich das Elektron mit einer Wahrscheinlichkeit von 90% bis 95% aufhält. Dieser „Wahrscheinlichkeitsraum" wird auch als „Elektronenwolke" oder „Ladungswolke" bezeichnet. Man achte auf die Wortwahl der Atomphysiker für ein sog. Elementarteilchen. Wichtig ist festzuhalten, dass die einzelnen Atomorbitale eine ganz bestimmte räumlich symmetrische Struktur besitzen. Da eine Leere keine Struktur besitzen kann, muss etwas Stoffliches vorhanden sein, das formbar ist und gleichzeitig ein gewisses Beharrungsvermögen besitzt, so dass die Struktur auf-, um- und abgebaut werden kann. Dass dies auch so ist, lässt sich dadurch beweisen, dass in einer völligen Leere keine Wellen entstehen können, da eine Welle ein Medium benötigt, um zu entstehen und um sich auszubreiten. In einem frei beweglichen Medium mit hinreichender Dichte und Beharrungsvermögen wäre die Entstehung kurzer Wellen ebenso leicht möglich wie die Entstehung von langen Wellen. Das Plancksche Postulat fordert und die Realität bestätigen, wie bereits an anderer Stelle dargelegt, dass umso mehr Energie aufgebracht werden muss, je kürzer die anzuregenden Wellen sind. Das bedeutet, dass a ein Medium vorhanden sein muss und b, dass dieses Medium eine bestimmte Dichte hat und nicht beliebig beweglich sein kann. Es verfügt folglich über eine bestimmte Starrheit. Aus diesem Grunde entspricht jeder geometrischen Gestalt ein ganz bestimmter Energiezustand der Elektronen seiner Atome. Zu jeder durch die Hauptquantenzahl n gekennzeichneten Hauptenergiestufe gehört ein s-Orbital. Es ist kugelsymmetrisch. Sein Radius hängt von der Hauptquantenzahl n ab und wird mit wachsendem n entsprechend größer. Die Anzahl der innerhalb der s-Orbitale kugelförmigen Knotenflächen (d.h. Flächen, in denen die Aufenthaltswahrscheinlichkeit eines Elektrons gleich Null ist) beträgt $n-1$.

Politik und Wissenschaft, eine gefährliche Kombination zum Wohle der Finanzwelt.

Für die Menschheit bedeutet eine Klimaerwärmung ein erhebliches Problem. Aus diesem Grunde ist es zwingend notwendig, nach möglichen Ursachen zu forschen. Leider sind aber Politik und Wissenschaft getrennte Welten. Es geht nicht um Wahr oder falsch, sondern um viel Geld und Einflussnahme von mächtigen Interessengruppen sowie die Gleichschaltung der Medien, um die Bevölkerung zu manipulieren und zu kontrollieren. Deshalb stimmt auch die weit verbreitete Ansicht, dass Politiker für ihre Entscheidungen den Mittelweg bei Interessenkollisionen suchen, statt zwischen richtig und falsch zu unterscheiden. Der britische Philosoph und Soziologe Herbert Spencer und nicht der unschuldige, aber missbrauchte Darwin, dem man den folgenden Text später als Darwinismus unterjubelte, schrieb 1864: *„Der Überlegene soll den Vorteil seiner Überlegenheit, der Unterlegene den Nachteil seiner Untergeordnetheit tragen. Wenn nach dem Aufhören des Kampfes ums Überleben zwischen den einzelnen Gesellschaften nur noch der industrielle Kampf ums Dasein besteht, so muss das Überleben und die Ausbreitung jenen Gesellschaften vorbehalten bleiben, welche die größte Zahl der besten Individuen hervorbringen, d.h. solcher Individuen, die am besten dem Leben im industriellen Staate angepasst sind"*. Ende des Zitates.

Da läuft es einem zwar kalt den Rücken herunter und offiziell wird eine derartige Gesinnung zu tiefst verdammt, die Realität sieht aber leider anders aus und wird durch Euphemismen verharmlost. Es geht auch nicht mehr um die besten Individuen, sondern um die effektivsten Computerprogramme und die größten Geldgeber, sprich Banken und Konzerne.

Solange wir in der Bundesrepublik Deutschland aber z. B. eine Bundeskanzlerin haben, die zwar auf dem Gebiet der Physik promovierte, aber als Politikerin Totschlagargumente wie Sachzwänge und „politische Entscheidungen" über die Naturgesetze stellt, wird Deutschland weltweit ein trauriges Bild abgeben und seinen wissenschaftlichen Ruf weiter beschädigen, auch wenn man das noch nicht wahr haben will.

Man denke in diesem Zusammenhang nur an die Mär von der Klimaerwärmung durch CO_2. Dabei konnte jeder interessierte Bürger bei den unterschiedlichsten Fernsehdokumentationen über die Entstehung der Wüsten, insbesondere der Sahara, lesen und hören, dass als Ursache für deren Klimawandel eine geringgradige Veränderungen der Neigung der Erdachse zur Sonne angesehen wird, was eine unterschiedlich intensive Sonneneinstrahlung auf unseren Planeten zur Folge hat. Entscheidend ist allein die sich stets unterschiedlich stark ändernde Neigung der Erdachse zur Sonne und die Position der Bahnebene der Erde zur Sonne bei deren Umrundung. Auf diesen Sachverhalt hatte bereits vor 2400 Jahren der griechische Astronom und Mathematiker Aristarchos von Samos (310 v. Chr. bis 230 v.Chr.) vergeblich hingewiesen. Bis heute wurde dieses Genie immer noch nicht ganz verstanden, obwohl inzwischen unstritig ist, dass seine Argumentation, die Jahreszeiten seien nur durch die Neigung der Erdachse zur Sonne zu erklären, allgemein anerkannt ist. Aber im Interesse der Politik hat unser Planet nicht zu wackeln. Basta! Das wäre ja auch noch schöner, wenn die Natur machen könnte was sie will.

Heute weiß man zusätzlich, dass nicht nur die Sonne und die Erde exzentrische Schwerpunkte haben, was allein schon bei der Berechnung der Erdumlaufbahn um die Sonne Probleme bereitet, nein, auch der Mond und die anderen Planeten wirken auf unseren Planeten und letztlich auch auf die Sonne ein. Das führt dazu, dass die Erde auf ihrer Umlaufbahn förmlich um die Sonne eiert. Die Mathematiker haben es folglich mit einem unbewältigten mathematischen Mehrkörperproblem zu tun und können deshalb nur bestätigen, dass die Erdachse und die Bahnebenen sich nicht nur in großen Zyklen, sondern auch permanent unterschiedlich stark in Form von kleineren Abweichungen verändern, sich also quasi chaotisch verhält. Dies führt zwangsläufig zu unterschiedlich intensiver und unregelmäßiger Sonneneinstrahlung auf unseren Planeten und hat die schon lange bekannten und nachgewiesenen Klimaveränderungen zur Folge.

Diesen Sachverhalt kann jeder leicht überprüfen, wenn er verfolgt, wie sich die Temperatur mit dem jeweiligen Sonnenstand verändert. Aus diesem Grunde ist es zu Mittag am wärmsten, wenn die Sonne am Höchsten steht. Die Erde umrundet die Sonne in einer quasi chaotischen Umlaufbahn in unterschiedlicher

Entfernung. Da es sich um ein multifaktorielles Problem handelt, lassen sich auch keine hinreichend genauen bzw. längeren Vorhersagen machen. Am Montag, den 8. Juni 2015 berichtet der General-Anzeiger aus Bonn ausführlich über die Klimaerwärmung und ihre möglichen Ursachen, da Herr Thomas Litt, Professor für Paläobotanik am Steinmann-Institut in Bonn und Leiter des Internationalen Forscherkonsortiums Paleovan, die Ergebnisse seiner aktuellen Forschertätigkeit im Fachmagazin „Quaternary Science Reviews" in mehreren Artikeln veröffentlicht hatte. Er führte in dem in der Osttürkei liegenden Vansee, der siebenmal so groß wie der Bodensee ist, fünf Jahre lang Erdkernbohrungen durch. Die Auswertungen des Sedimentes in den Bohrkernen ergaben eindeutige Ergebnisse. Das Sediment dieses Sees, das, was allgemein anerkannt ist, wegen seiner Lage und seines Alters die Vorgänge in der Umwelt seit Urzeiten in seinen Sedimentschichten gespeichert hat, „informiert", vergleichbar den Seiten eines Buches, über alle Veränderungen in der Zeitspanne seines Bestehens. Auf Grund dieser Tatsachen ist er ein ideales Klimaarchiv und lässt Rückschlüsse auf die Klimaverhältnisse auf unserem Planeten während mehrerer Jahrhunderttausende zu.

Professor Litt schreibt u. a.: *„Die Ergebnisse zeigen, dass das Klima in den vergangenen Hunderttausenden Jahren auf der Nordhalbkugel Achterbahn gefahren ist. Innerhalb weniger Jahrzehnte konnte es kippen und von Eiszeit auf Warmzeit und umgekehrt umschalten."* Ende des Zitates.

Der lückenlose Kalender umfasst insgesamt sechs Zyklen aus warmen und kalten Perioden und erzählt eine Geschichte der natürlichen Klimaschwankungen, die zeitlich synchron zu den periodischen Schwankungen der Erdbahn um die Sonne verlaufen. Es ist weitgehend unstrittig, dass die CO_2-Werte um 122 Moleküle bei 1 000 000 Luftteilchen in den letzten Jahrzehnten angestiegen sind. Es ist auch unbestritten, dass dieser Anstieg weitgehend von den Menschen verursacht wurde. Es ist aber keineswegs bewiesen, dass der geringe CO_2-Anstieg eine Erderwärmung zwischen 1 und 2 Grad Celsius verursacht hat. Hier handelt es sich vielmehr um ein zufälliges Zusammentreffen zweier Vorgänge, die nichts miteinander zu tun haben, aber so wird es, aus welchen Gründen auch immer, den Leuten eingeredet. Man schreckt auch bei der angeblichen Beweisführung nicht vor psychologischen Methoden zurück, wenn die Sachargumente fehlen.

So soll man ein schlechtes Gewissen bekommen, wenn man Fleisch ist, da Steak-Liebhaber angeblich 1,82 Tonnen CO_2 pro Jahr produzieren, während Vegetarier auf weniger als eine Tonne kommen. Man erzählt den Leuten, wie CO_2 den Ph-Wert der Meere negativ beeinflusst, verschweigt aber, welche enormen Schäden durch Stickstoff- und Phosphoreinträge in Verbindung mit Luftverschmutzung und Düngemitteleinschwemmungen verursacht werden. Am weltberühmten Great Barrier Reef in Australien, liegen z. B. die Stickstoffwerte bei 175% und bei Phosphor 230% über dem natürlichen Level, was zusätzlich zu beträchtlichen Schäden im Biotop wie zu verheerenden Invasionen von Korallen fressenden Seesternen, den sog. Dornenkronen führt. Hier wäre es schon im Interesse einer seriösen Berichterstattung zwingend, die Relationen von Ursache und Wirkung sowie ihre Folgen im richtigen Verhältnis darzustellen.

Auch der Smog, der großflächig in China, Indien, Indonesien und Russland ein großes Problem darstellt, aber auch weltweit vor allem in Städten zu Gesundheitsschäden führt, sollte zunächst durch geeignete Maßnahmen stark reduziert werden, bevor man das Geld für ideologische CO_2-Debatten ausgibt. Hier ist die Gesundheit der Menschen akut bedroht. Wie effektiv ein entsprechendes Vorgehen sein kann, zeigen die neuen Bundesländer. Nach der Wiedervereinigung konnte man riechen, ob man sich in den alten oder den neuen Bundesländern befand, so stark war die Rauchbelästigung in den Neuen Bundesländern. Heute ist die Luft in diesen Gebieten weitgehend von Rauchschwaden unbelastet und der Wald erholt sich ebenfalls, da es keinen sauren Regen mehr gibt.

Es sollte auch nachdenklich stimmen, dass die Atmosphäre auf den beiden erdähnlichen Planeten Mars und Venus über 95% aus CO_2 besteht, während die CO_2-Konzentration auf der Erde 0,039% beträgt. Ganz offensichtlich gibt es auf unserem Planeten Mechanismen, welche die Konzentration von CO_2 in der Atmosphäre regulieren. Hier ist besonders an das Wasser, also die Meere und die chemischen Reaktionen mit anderen Elementen, die Mikroorganismen sowie die Photosynthese der Pflanzen an Land und im Wasser zu denken, da diese Voraussetzungen sowohl auf dem Mars als auch auf der Venus fehlen.

Alle fossilen Energieträger wie Braun- und Steinkohle, Erdgas, Erdöl und Torf sind das Ergebnis eines CO_2-Speicherungsvorganges innerhalb eines Entstehungszeitraumes von bis zu 500 Millionen Jahren. Fossile Energieträger sind aus abgestorbenen Biomassen entstanden, die sich im Laufe von Jahrmillionen durch abgelagerte Sedimente und andere natürliche Umstände komprimierten und unter Sauerstoffabschluss zu den heutigen Stoffen umwandelten. Durch diese biologischen Abbauprozesse wurde Rohöl zu einem der komplexesten natürlich vorkommenden Stoffe der Welt.

So beginnt z. B. im Meer die Verwandlung von und durch Bakterien, Kleinstlebewesen und Pflanzen in „schwarzes Gold". Meeresorganismen wie die einzelligen Foraminiferen sowie tierisches und pflanzliches Plankton sterben ab und sinken auf den Grund der Meere und Seen. In den Tiefen der Meere und Seen gelangt an das tote, organische Material kaum Sauerstoff. Die Folge: Das abgestorbene Plankton kann nicht verwesen. Sedimente, wie Sand und Ton, mischen sich mit der Zeit in die Planktonschicht. Es entsteht der sogenannte Faulschlamm, feinkörniges, noch nicht verfestigtes Erdölmuttergestein. Ein Vorgang der auch heute noch andauert. Dazu kommt, je größer das CO_2-Angebot, umso stärker die Planktonbildung und umso umfangreicher die Sedimentbildung und damit die Elimination des CO_2 aus der Umwelt. Durch weitere Überlagerung mit Sedimenten verfestigt sich das Muttergestein und wandert in die Tiefe. Druck und Hitze nehmen zu. In einer Tiefe unter 1500 Metern, bei Temperaturen zwischen 80 Grad Celsius und 150 Grad Celsius herrschen ideale Bedingungen für die Entstehung von Erdöl: Die Bindungen der großen Moleküle des Muttergesteins brechen auf. Es entstehen kleinere Moleküle, die Erdöl-Kohlenwasserstoffe. Aus fester Substanz wird so zähflüssiges Öl.

Dieser Sachverhalt allein zeigt, wie unsinnig eine geplante Marsbesiedlung durch die Menschen ist, wenn Geldgier den Blauen Planeten für uns unbewohnbar gemacht hat. Bedenken Sie, welchen Aufwand, wie viel Zeit und welche Kosten bereits entstehen, wenn eine der Weltmächte größere Truppenverschiebungen durchführt. Zurzeit ergeben sich erhebliche Probleme in Europa durch Flüchtlingsströme aus dem Vorderen Orient allein wegen deren aktuellen Versorgung und Unterbringung. Man male sich einmal aus, welche Probleme erst entstehen würden, wenn man diese Menschenansammlungen wegen Übervölkerung auf den Mars transportieren müsste. Eigentlich müsste selbst dem Dümmsten klar werden, wie unsinnig die Planung einer Marsbesiedlung durch den Menschen ist und was für einen Unsinn Medien und Politik der Bevölkerung einzureden versuchen. In Wirklichkeit geht es um Schlagzeilen, Auflagengrößen und Hörer- und Fernseherquoten und nicht um seriöse Information.

Die Ergebnisse der Eiskernbohrungen in der Antarktis und auf Grönland bezeugen, dass Temperaturerhöhungen im Durchschnitt 800 Jahre früher auftraten als der Anstieg der CO_2-Konzentrationen in der Luft. (Dr. Davis Evans, Klimawissenschaftler, im „The Australian" 18. Juli 2008). Dieser Sachverhalt zeigt, dass der CO_2-Anstieg als Folge einer Erderwärmung anzusehen ist, wie gerade dargelegt, und nicht umgekehrt. Diese Fakten besagen eigentlich alles über Ursache und Wirkung. Fakten sind aus wissenschaftlicher Sicht aber das Todesurteil selbst der schönsten Theorie. Hinzu kommt, dass diese Ergebnisse unumstritten sind, wie Dr. Evans ausdrücklich versichert. Die Klimaalarmisten sollen ihnen sogar zustimmen, bezweifeln aber ihre Bedeutung. Unwillkürlich fragt man sich nach der Logik, die hinter einer derartigen Ablehnung steckt. Die Argumente, dass Berechnungen die Klimaerwärmung durch CO_2 ergeben, sind keine Beweise, weil die Ergebnisse von den jeweiligen Vorgaben abhängen und wenig über die damaligen Umweltverhältnisse aussagen. Die unterschiedlichsten Wechselwirkungen waren und sind derart komplex, dass sie zu keinem Zeitpunkt erfasst und seriös dargestellt werden können. Die Bohrkerne zeigen Ergebnisse, sagen aber nichts über die Ursachen aus. Sind aber die Vorgaben falsch, kann das Ergebnis nicht richtig sein.

Man könnte sehr einfach, preiswert und stichhaltig nachweisen, welchen Einfluss CO_2 auf unser Klima hat, wenn man in entsprechend großen Behältnissen unter definierten Bedingungen Luftgemische mit 278 ppm

CO_2 und 400 ppm CO_2 gleichmäßig erwärmen und ihre Abkühlung messen würde. Durch Aufzeichnen der Temperaturveränderungen ließen sich beweisende Aussagen machen. Darum noch einmal: Eine Erklärung, warum der CO_2 – Anstieg erst etwa 800 Jahre nach einer beginnenden Erderwärmung auftritt, ist die Erkenntnis einiger Wissenschaftler, dass CO_2 im Wasser gebunden wird, wie jeder beim Öffnen einer Mineralwasserflasche erkennen kann, wenn sich die Gasblasen bilden und unterschiedlich schnell aufsteigen. Nun ist die Lösung von CO_2 im Wasser nicht nur vom jeweiligen Druck abhängig, sondern auch von der Temperatur. Wenn sich also die Meere erwärmen, setzen sie gelöstes CO_2 in Form von Gasblasen frei. Dieser Vorgang führt aber gleichzeitig wieder zu einer Abkühlung, wie jeder, der schon einmal geschwitzt hat, sich erinnern dürfte. Beim Sinken der Umwelttemperaturen, löst sich wieder mehr CO_2 im Wasser und der CO_2-Wert sinkt wieder. Der gleiche Effekt ist während der unterschiedlichsten Vegetationsphasen zu beobachten.

Das ist auch der Grund, weshalb sich die Erde wieder abkühlen konnte, obwohl sich in der Atmosphäre ungleich höhere CO_2 Konzentrationen als heute nachweisen ließen. Es gibt also viele Störfaktoren, wenn auch grundsätzlich ein geringer durchschnittlicher Anstieg der CO_2-Werte zwischen 1860 und 2015 von 278 ppm auf aktuelle Spitzenwerte von aktuell 400 ppm nicht bestritten wird. Die Frage bleibt allerdings, ob 122 ppm CO_2, also 122 CO_2 – Moleküle, in 1 000 000 Luftteilchen überhaupt eine Temperaturerhöhung bewirken können.

Man argumentiert: Weil es zu dieser oder jener Zeit weltweite Temperaturerhöhungen gab, muss dieser Temperaturanstieg auf die damals herrschenden CO_2-Werte bezogen werden. Man benutzt also Temperatur- und CO_2-Werte aus der Vergangenheit zum Beweis der anthropogenen Klimaerwärmung, ohne den Beweis erbracht zu haben, dass ein Zusammenhang zwischen diesen beiden Werten besteht. Schließlich kommt es gerade auf den Temperaturverlauf und seine Übereinstimmung mit dem Kohlendioxidgehalt in der Vergangenheit an. Wenn sich diese angebliche Übereinstimmung in der Vergangenheit nicht zeigt - und sie tut es nicht -, dann bricht die ganze Theorie des vom Menschen gemachten Treibhauseffektes wie ein Kartenhaus in sich zusammen. Schließlich behauptet heute wohl kaum ein Mensch, dass der Geburtenrückgang in Deutschland damit zusammenhängt, das die Zahl der Störche ebenfalls rückläufig ist.

Laut Dr. Evans wurden bis 2008 weltweit wesentlich mehr als 50 Milliarden Dollar für den Kampf gegen die Erderwärmung ausgegeben. Es wird deshalb höchste Zeit dazu überzugehen, das Geld gegen die Folgen einer aus ganz anderen Gründen auf uns zu kommenden Klimaerwärmung zu nutzen.

Stark erhöhte Luftschadstoffkonzentrationen als Folge von Emissionen verursachen nicht nur nebelartige Dunstglocken, den sogenannten Smog, sonder führen auch zu erheblichen Gesundheitsschäden. Durch entsprechende Filter und andere Maßnahmen kann man diese Luftverschmutzung in den Griff bekommen, wenn man entsprechende Geldmittel locker macht. Ein Eindrucksvolles Beispiel effektiver Bekämpfungsmaßnahmen sind die Neuen Bundesländer. Wenn man also weltweit derart fahrlässig mit der Reinhaltung der Luft umgeht, werden Millionen von Menschen an den Schadstoffen in der Luft sterben, bevor sie die durch die Folgen einer fiktiven, durch CO_2 verursachten Erderwärmung Schaden erleiden.

Saurer Regen wird durch Verteilung der Schadstoffemissionen in der Atmosphäre durch Luftströmungen häufig in weit entfernten Regionen verbracht. Das bedeutet, dass der Verursacher und der Empfänger von saurem Regen oft verschiedene Staaten sind. Durch die Luftverschmutzung kommt es zur Wasserbelastung und Bodendegradation, bei denen es sinnvoll ist, aufgrund der Gemeinsamkeiten die Ursachen oder Folgen als ein System zu begreifen. So werden Bäche, Flüsse, Seen und Küstenregionen durch den sauren Regen geschädigt. In Schweden etwa waren einzelne Seen so versauert, dass sie ohne jegliches Leben waren. Sie hatten teilweise einen pH-Wert von weniger als 3, waren also in etwa so sauer wie Haushaltsessig. Wie oben berichtet wurde, kann ein derart saurer Regen nicht durch den hohen Ausstoß von Kohlenstoffdioxid entstehen. Verantwortlich für einen pH-Wert des Regens unter 5,6 müssen also andere Teilchen sein. Die Schadstoffe, die für den sauren Regen verantwortlich sind, sind Stickstoffmonoxid, Stickstoffdioxid und

Schwefeldioxid. Diese kommen zwar auch ohne das Zutun des Menschen in der Natur vor: Z. B. entstehen Stickstoffoxide bei Zersetzungsprozessen im Boden und Schwefeloxide werden von Vulkanen freigesetzt. Die Hauptmenge dieser Schadstoffe wird jedoch vom Menschen erzeugt und ausgestoßen, vor allem bei der Verbrennung von fossilen Brennstoffen in Kraftwerken, Haushalten und Verkehr: Diese gasförmigen Oxide reagieren mit den Wassermolekülen in der Luft und bilden so den sauren Regen. Der vom Menschen produzierte Rauch besteht aus einem Gemisch unterschiedlichster fester Teilchen in einer gasförmigen Phase und kann zusammen mit Ruß beträchtliche Umwelt- und Gesundheitsschäden bei Menschen, Tieren und Pflanzen verursachen. Es wäre folglich viel sinnvoller diese Umweltgifte zu eliminieren oder wenigstens stark zu reduzieren, da durch sie aktuell ein größerer Schaden verursacht wird, als von dem angeblichen Klimakiller CO_2 je zu erwarten ist.

Die beiden Diplomphysiker der TU Braunschweig, Prof. Dr. G. Gerlich und Dr. R. D. Tscheuschner, haben zwar auf 114 Seiten den angeblichen atmosphärischen Treibhauseffekt eindeutig widerlegt, indem sie unter anderem auch nachweisen konnten, dass diese Theorie gegen den zweiten Hauptsatz der Thermodynamik verstößt, aber das wird von den Medien in Deutschland weitgehend totgeschwiegen. Diese beiden Wissenschaftler führen zudem unter anderem an, dass es keine gemeinsamen physikalischen Gesetze zwischen dem Erwärmungsphänomen in einem Glasgewächshaus und dem fiktiven atmosphärischen Treibhauseffekt gibt, weil es:

1.) es keine Berechnungsmethoden gibt, die die durchschnittliche Oberflächentemperatur eines Planeten bestimmen können

2.) die oft zitierte Temperaturdifferenz von 33 Grad Celsius eine sinnlose und falsch berechnete Zahl ist

3.) die Formeln zur Berechnung der Strahlung falsch angewandt werden

4.) die Annahme eines Strahlungsgleichgewichtes unphysikalisch ist und

5.) die Wärmeleitung und die Reibung nicht auf Null gesetzt werden dürfen.

Heute kann man problemlos einer breiten Öffentlichkeit eine virtuelle Welt, die durch geschickte Computeranimationen in den Medien verbreitet wird sowie mathematische Hirngespinste als Realität verkaufen und alle sind von diesem Fortschritt begeistert. Dabei ist festzuhalten, dass die Bilder besagter Animationen erst einmal mittels eines zuvor von Menschen programmierten Computers errechnet werden müssen und ein Mathematiker rechnet:

$$< Wenn > < Dann >.$$

Es kommt also auf die jeweiligen Vorgaben an. Deshalb kann man auf jedes gewünscht Ergebnis hin rechnen und dies auch noch eindrucksvoll bildlich darstellen.

Nach diesem Exkurs über die Berichterstattung und Meinungsmanipulation irdischer Probleme, die jeder leicht überprüfen kann, zurück zur Astrophysik.

In diesem Zusammenhang möchte ich auf ein allgemein bekanntes Gedankenexperiment der Physiker verweisen, mit dem man einer gutgläubigen und völlig unkritischen Öffentlichkeit die Möglichkeit von Zeitreisen verkauft und selbst dieser Unsinn wird gelehrt und geglaubt!

Es geht um die berühmten Zwillingsbrüder, von denen einer auf der Erde verbleibt und der andere mit beinahe Lichtgeschwindigkeit jahrzehntelang durchs All rast. Wenn er endlich wieder auf unserem Planeten landet, ist, so die Behauptung der Physiker, sein „irdischer" Zwillingsbruder ein alter Mann, auf dessen Uhr die Zeiger Tag um Tag, Monat um Monat und Jahr um Jahr viel tausendfach ihre Runden auf dem Zifferblatt gedreht haben, während der Weltenbummler nicht nur frisch wie beim Abflug aussieht, sondern tatsächlich auch nicht gealtert ist und seine Uhr eine völlig überholte Zeit anzeigt.

Bei diesem gedanklichen Experiment wurden bei annähernder Lichtgeschwindigkeit die Aktivitäten der Atome und Moleküle so stark herabgesetzt, dass die Summe der Fluggeschwindigkeit und die Aktivitäten der Atome und Moleküle in der Addition die Lichtgeschwindigkeit nicht überschreiten konnten.

Dabei wurden jedoch folgende Fakten übersehen: Je geringer die Aktivitäten, also die Bewegungen der Atome und der Moleküle in einem Organismus, umso mehr sinkt dessen Körpertemperatur, welche gleichzeitig ein Indikator für die Intensität seiner Atom- und Molekularbewegungen ist, im Weltraum ab. Da bereits bei einer Unterkühlung um wenige Grade der Energiefluss eines menschlichen Körpers total zusammenbricht, wäre besagter Astronaut kurz nach Antritt seiner Reise schlichtweg erfroren. Wäre der Weltenbummler schneller als mit Lichtgeschwindigkeit geflogen, wäre er zwar ebenfalls um keine Sekunde gealtert, aber recht bald in die Ätherteilchen zerfallen, da keine Kräfte, auch nicht die inneren Kräfte der Atome oder Elementarteilchen bei Lichtgeschwindigkeit mehr wirken können. Der Grund hierfür ist, dass Kräfte oder Wechselwirkungen immer mit dem Austausch kräftetragender Teilchen verbunden sind, welche die „Lichtmauer" nicht zu durchbrechen vermögen.

Der angenommene Zwillingsbruder hätte sich den kostspieligen Flug durchs All ersparen können, wenn man ihn eingefroren hätte. Er wäre dann genauso frisch und genauso tot wie nach einem mit annähernder Lichtgeschwindigkeit durchgeführten Ausflug in das All. Allerdings hätte dann niemand den Experten abgenommen, dass Zeitreisen möglich sind. Soviel zur praktischen Bewältigung exotischer Theorien.

Dass diese Theorien nichts mit der Realität zu tun haben, ist einsichtig. Nicht nachzuvollziehen ist, dass dieser Unsinn mit solcher Arroganz und Bestimmtheit noch immer vertreten werden kann und nicht nur von interessierten Laien auch noch äußerst emotional verteidigt wird.

Homöopathie – Der Schlüssel zum Verständnis elementarer Wechselwirkungen im Kosmos.

Meine Ausführungen sollten zeigen, dass man weder einen Urknall benötigt, noch dass die Menschen an der Richtigkeit ihrer Wahrnehmungsfähigkeit zweifeln müssen, wenn ihnen sogenannte Eliten den Kosmos und seine elementaren Wechselwirkungen erklären. Dies ist aber für mich mehr ein Nebenbefund, denn die Menschheit konnte bisher auch gut ohne dieses Wissen leben. Das Erkennen der weiter oben beschriebenen Zusammenhänge ist aber von entscheidender Bedeutung für das Verständnis von Krankheiten und ihrer Heilungsmöglichkeiten, weshalb ich auf Probleme, die uns die Astrophysiker durch unrealistische Vorgaben und Annahmen eingebrockt haben, eingegangen bin. Aus dem Verständnis der unterschiedlichen Wechselwirkungen auf allen Ebenen, ergibt sich nämlich eine völlig neue Sicht auf Krankheiten, ihre Entstehung und ihren Heilungsmöglichkeiten. Von entscheidender Bedeutung für die Einsicht in das Krankheitsgeschehen ist der Tatbestand, dass eine Krankheit, sofern sie nicht auf einer mechanischen Ursachen beruht, primär keineswegs auf eine Störung der biochemischen Abläufe und ihrer Regelkreise zurückzuführen ist, sondern dass die Störung eben dieser biochemischen Abläufe die Folge einer vorausgegangenen Störung der mit morphogenen, d.h. strukturbildenden Eigenschaften versehenen elektromagnetischen Feldern des erkrankten Lebewesens ist. Die elektromagnetischen Wechselwirkungen sind elementarer Art und bestimmen deshalb alle biochemischen Vorgänge.

Diesen Sachverhalt durch Beobachtungen am Krankenbett intuitiv erfasst zu haben, ist das große Verdienst von Christian Friedrich Samuel Hahnemann (1755 bis 1843). Er war ein deutscher Arzt, medizinischer Schriftstelle, Übersetzer und Begründer der bis heute umstrittenen und von der Schulmedizin noch immer nicht anerkannten Homöopathie, weil die offizielle Lehre den Vertretern der theoretischen Physik ebenso wie den Chemikern in Teilbereichen mehr glaubt, als der menschlichen Beobachtung. Diese Experten verfügen zweifelfrei über eine hohe Intelligenz, sie vertrauen aber zu sehr ihren Formeln, gleichen sie nicht mit der Realität ab und kommen gar nicht auf den Gedanken, dass das Problem auf eine andere Weise gelöst werden könnte. Als Beispiel möchte ich auf die allgemein bekannte Feststellung eines Physikers verweisen. Er behauptete ernsthaft: *„Die Hummel hat 0,7 cm² Flügelfläche und wiegt 1,2 Gramm. Nach den Gesetzen der Aerodynamik ist es unmöglich, bei derartigen Voraussetzungen zu fliegen."* Die Hummel kümmert sich aber nicht um derartige Überlegungen des Experten und flog einfach weiter.

Wie konnte es zu dieser Fehleinschätzung des Aerodymamikers kommen? Nun die Erklärung ist ganz einfach. Die Experten waren gewöhnt mit den starren Flügeln von Flugzeugen zu arbeiten. Die Hummeln sind aber sogenannte Hautflügler. Das bedeutet, dass ihre Flügel nicht steif wie bei Flugzeugen sind. Die Physiker gingen also bei den Hummeln ebenso wie die Astrophysiker bei der Berechnung des angeblichen Urknalls von falschen Voraussetzungen aus. Folglich waren die Ergebnisse trotz hochwertiger mathematischer Operationen falsch. Als die Aerodynamiker erkannten, dass die Hummeln andere Flügel als die Flugzeuge haben, also nicht steif sind, ließ sich auch mathematisch beweisen, dass Hummeln doch fliegen können, denn sie erzeugen mit ihren Flügeln Wirbel, die für den nötigen Auftrieb sorgen. Diese Panne beschäftigte die Experten derart, dass 1996 an der Universität Cambridge von Charles Ellington alles noch einmal exakt überprüft und bestätigt wurde. Es ist also nur eine Frage der Zeit, bis die Vertreter der Urknalltheorie auch umdenken müssen. Leider ist das nicht nur viel verlorene Zeit, sondern auch viel unnötig „verbranntes" Geld, das man sinnvoller hätte verwenden können.

Die scharfe Beobachtungsgabe und das klare Erkennen von Zusammenhängen sind es, die das gesamte Wirken von Hahnemann auszeichnen. Es ist bewundernswert, wie dieser geniale Mediziner die von ihm intuitiv erfassten Zusammenhänge für die es weder Begriffe, geschweige eine Vorstellung gab, mit den sprachlichen Möglichkeiten seiner Zeit zu formulieren wusste.

Elektromagnetische Felder wurden erst nach dem Verfassen seines 1810 erschienenen Hauptwerkes, dem Organon erkannt und beschrieben und sind bis heute ganz offensichtlich weder in ihrer Funktion noch in ihrer elementaren Bedeutung völlig verstanden. So ist es äußerst interessant, dass Hahnemann, wie ich später noch ausführlicher darlegen werde, in seinem 1810 erschienenen Organon von einem „Gegenbild" und einem „Auslöschen der Krankheit" spricht und nicht, was eigentlich näher gelegen hätte, von einem Ebenbild.

So schreibt er in seiner Einleitung zum Organon: „*Durch Beobachtung, Nachdenken und Erfahrung fand ich, daß im Gegentheile von der alten Allöopathie die wahre, richtige, beste Heilung zu finden sey in dem Satz: Wähle, um sanft, schnell, gewiß und dauerhaft zu heilen, in jedem Krankheitsfalle eine Arznei, welche ein ähnliches Leiden für sich erregen kann, als sie heilen soll.*"

Im § 9 findet man die Stelle: „*Im gesunden Zustand des Menschen waltet die geistartige, als Dynamis den materiellen Körper belebende Lebenskraft unumschränkt und hält alle seine Theile in bewundernswürdig harmonischem Lebensgange in Gefühlen und Thätigkeiten ….*" *und im § 11 heißt es:* „*Wenn der Mensch erkrankt, so ist ursprünglich nur diese geistartige, in seinem Organism überall anwesende, selbstthätige Lebenskraft durch den, dem Leben feindlichen, dynamischen Einfluß eines krankmachenden Agens verstimmt ….*"

Erstaunlicher Weise spricht Hahnemann bereits auch schon vom „Auslöschen einer Krankheit durch die „geistartigen Kräfte" der homöopathischen Arznei, obwohl es den Begriff der „morphogenen Felder" noch gar nicht gab. So hat er mit anderen Worten, aber unmissverständlich klar gemacht, dass das als „Arzneimittelbild" bezeichnete Vergiftungsbild einer nach seinen Vorschriften aufbereiteten homöopathischen Arznei dem Symptomenbild eines Kranken, wenn sie diesen heilen soll, zwar sehr ähnlich, aber eben nicht gleich sein muss. Hier deutet sich bereits der Unterschied an zwischen Hahnemanns genauen Beobachtungen sowie seinen daraus gezogenen genialen Schlussfolgerungen und dem, was Physiker - bisher allerdings erfolglos - als Materie und Antimaterie, sowie den morphogenen Feldern zu definieren versuchen.

Im § 154 seines Organon heißt es: „*…Enthält nun das, aus der Symptomen-Reihe der treffendsten Arznei zusammengesetzte Gegenbild, jene in der zu heilenden Krankheit anzutreffenden, besonderen, ungemeinen, eigenheitlich sich auszeichnenden (charakteristischen) Zeichen in der größten Anzahl und in der größten Aehnlichkeit, so ist diese Arznei für diesen Krankheitszustand das passendste, homöopathische, specifische Heilmittel; eine Krankheit von nicht zu langer Dauer wird demnach gewöhnlich durch die erste Gabe desselben ohne bedeutende Beschwerde aufgehoben und ausgelöscht.*"

Das Auslöschen einer Krankheit kann nach meinen Ausführungen nur mit Interferenz „übersetzt" werden. Hahnemann warnt jedoch vor der längeren unkontrollierten Einnahme von homöopathisch aufbereiteten Arzneien da sie durchaus eine „künstliche Krankheit" erzeugen können, von der der Patient unter Umständen nicht mehr geheilt werden kann.

Nimmt z.B. ein Patient, nachdem seine Krankheitssymptome durch das passende homöopathische Arzneimittel „gelöscht" wurden, das heilende Arzneimittel über die Heilung hinaus noch weiter ein, besteht immer die Gefahr, dass seinem inzwischen wieder harmonisch gewordenen körpereigenen Schwingungsmuster nunmehr das spiegelbildliche Schwingungsmuster der betreffenden homöopathischen Arznei aufgeprägt wird, wodurch eine „künstliche Krankheit" in Form von diversen Arzneimittelsymptomen auftreten kann. Auch hier zeigt sich, dass ein Organismus nicht zwischen elektrischen und magnetischen Feldern zu unterscheiden vermag, da seine Steuerungsmechanismen auf dem Wechselspiel elektromagnetischer und magnetoelektrischer Felder beruhen.

Weil dem so ist, vermögen gesunde, zu einer homöopathischen Arzneimittelprüfung herangezogene Probanden, die ein ihnen unbekanntes homöopathisches Arzneimittel über eine längere Zeit einnehmen müssen, als Folge der künstlich erzeugten dauerhafte Störung ihres körpereigenen harmonischen Schwingungsmusters, bei entsprechender Sensibilität, sowohl auf der körperlichen als auf der geistigen Ebene Symptome eines bis dahin noch nicht geprüften Arzneimittels aufzeigen, welche nach dem Absetzen der zu prüfenden Arznei zumeist mehr oder weniger schnell, manchmal aber erst nach einer längeren Zeit verschwinden. An Hand derartiger Arzneimittelprüfungen, welche bereits Hahnemann an sich, seinen Familienmitgliedern und anderen Leuten durchführte, waren und sind die Homöopathen in der glücklichen Lage, durch die Erfassung der bei den verschiedenen Probanden auftauchenden Prüfungssymptome immer detailliertere arzneispezifische Arzeimittelbilder zu erstellen und in immer umfangreicheren Arzneimittelbüchern zu beschreiben. Da zahlreiche Arzneimittelbilder eine z.T. ähnliche Symptomatik aufweisen können, werden bei ihrer Beschreibung nicht nur die durch die zu prüfende Arznei auf der geistigen und körperlichen Ebene provozierten Krankheitssymptome aufgelistet, sondern auch deren für ihre Unterscheidung so wichtigen Modalitäten. Zu den Modalitäten eines Symptoms gehören neben der auslösende Ursache der Erkrankung, (trockene Kälte, Durchnässung, kalter Wind, Kränkung, großer Schreck u.a.), der Ort und die Art der Beschwerden, die eventuell vorhandene zeitliche Verschlimmerung der Symptome, die subjektiven Krankheitsempfindungen (Schmerzen können beispielsweise reißend, klopfend, ziehend oder brennen sein) sowie alle möglichen anderen Bedingungen, unter denen sich die jeweiligen Beschwerden bessern oder verschlechtern.

Wird einem gesunden Organismus eine potenzierte Arznei zu häufig und/oder in zu hohen Potenzen zugeführt, kann das ihm eigene harmonische Schwingungsmuster, sofern es nicht hinreichend stabil genug ist, durch diese „künstlichen" Störschwingungen verändert werden. Deshalb zeigt der einzelne Proband bei Arzneimittelprüfungen, je nach Sensibilität, also Aufbau sowie Stabilität seiner Eigenschwingungen, und Intensität der Störschwingungen klinisch erkennbare Symptome oder nicht. Das macht auch die Arzneimittelprüfung so problematisch, da nicht jeder Proband für die Prüfung eines jeden Arzneimittels geeignet ist, bzw. auf dieses Arzneimittel nicht genügend „sensibel" reagiert. So wie eine Stimmgabel nur in Schwingung gerät, wenn sie mit einem bestimmten Ton in Resonanz tritt und so wie sich bestimmte Strukturen nur dann bilden, wenn eine mit feinem Sand bestreute, an einem Punkt fixierte Platte mit bestimmten Schwingungen in Resonanz steht (Chladnische Klangfiguren), so spricht eben der einzelne Proband entweder auf ein Arzneimittel in der Arzneimittelprüfung an oder nicht. Es ist schließlich auch aus der Toxikologie bekannt, dass Menschen, Tiere und Pflanzen ebenso wie Mikroorganismen unterschiedlich empfindlich auf eine entsprechend starke Noxe reagieren. Nimmt jemand ein potenziertes Arzneimittel allzu lange ein, so kann er, wie bereits erwähnt, u. U. unheilbar erkranken, da er unter natürlichen Bedingungen nicht auf komplementäre Schwingungsmuster treffen wird.

Während es in früheren Zeiten für die beschriebenen, durch die unkontrollierte Einnahme von homöopathischen Arzneien ausgelösten „Arzneimittelerkrankungen" keine Heilung gab (wie sollte man auch an das geeignete Simile gelangen) kann man heute für diese glücklicher Weise relativ seltenen „künstlichen Erkrankungen" die Bioresonanztherapie empfehlen, da die Bioresonanztherapie auf den gleichen Mechanismen beruht wie die Homöopathie. Allerdings muss auf diesem Gebiet noch weitere Erfahrungen gesammelt werden und die Empfindlichkeit und Genauigkeit dieser Geräte noch deutlich verbessert werden. Um zu dieser Erkenntnis zu gelangen, war es notwendig, sich mit der offiziellen Lehre der Teilchenphysiker, Chemiker und Kosmologen auseinander zu setzen. Dies hatte zwangsläufig die Folge, dass ich mich zwischen alle Stühle setzen musste und, wie zu erwarten war, von keiner Seite Beifall erhalten habe. Ich halte es aber für wichtig, dass neue oder wenigstens andere Denkanstöße gegeben werden, denn auf dem bisherigen Weg sind wir in einer Sackgasse gelandet, die nur durch eine Kehrtwendung im Denken verlassen werden kann.

Verständlicher Weise setzt die erfolgreiche Durchführung der homöopathischen Heilmethode in der Praxis neben der guten Beobachtungsgabe eine umfassende Kenntnis der einzelnen Arzneimittelbilder sowie eine langjährige Erfahrung voraus, weshalb die meisten Therapeuten bei ihrem Einstieg in die Homöpathie immer wieder erhebliche Schwierigkeiten haben, in dem Gesamtsymptomenbild eines Patienten ein ganz bestimmtes, Arzneimittelbild zu erkennen. Müssen doch, um dem Ähnlichkeitsprinzip Genüge zu tun und somit eine Heilung zu erreichen, nicht nur die Symptome, sondern auch die Modalitäten der auffallendsten Krankheitsymptome mit dem betreffenden Arzneimittelbild deckungsgleich sein

Da im Gegensatz zur Schulmedizin die Homöopathie keine Indikationstherapie, sondern eine individuelle, den ganzen Menschen berücksichtigende Therapieform ist, kommt es immer wieder vor, dass z.B. mehrere von einem Husten geplagte Patienten, je nach ihrer individuellen Symptomatik, ganz unterschiedliche homöopathische Arzneien zu ihrer Genesung benötigen. Allerdings sollte jeder homöopathischen Therapie, da auch ihr bestimmte Grenzen gesetzte sind, soweit dies möglich ist, eine exakte klinische Untersuchung vorausgehen.

Weil Hahnemann durchaus erkannte, welch hohe Anforderungen diese neuartige Heilmethode an seine Schüler und Nachfolger stellt, benannte er sein Hauptwerk, welchem er zunächst den Namen „Organon der rationellen Heilkunde" (Organon bedeutet im Griechischen „Werkzeug") gegeben hatte, ab der 2. Auflage um, verlieh ihm den Titel „Organon der Heilkunst" und gab allen, die seine Heilmethode ausüben wollen, den guten Rat: „Macht´s nach, aber macht´s genau nach!"

Um den Wirkungsmechanismus der Homöopathie zu verstehen, muss man sich noch einmal an die Chaosforschung und das Selbstähnlichkeitsprinzip erinnern. Es ist unstritten, dass unsere Welt dualistisch aufgebaut ist. Es sind die Gegensätze bzw. die Polarität, die alles so funktionieren lässt, wie wir es kennen. Von dieser Realität ausgehend, lässt sich feststellen, dass alle chemischen Reaktionen darauf beruhen, dass sich gleiche Ladungen abstoßen und gegensätzliche Ladungen anziehen. Auf der energetischen Ebene, dem Elektromagnetismus sind es positive und negative elektromagnetische Felder, die sich gegenseitig löschen oder verstärken. Dieser Vorgang wird als Interferenz bezeichnet.

Die Schulmedizin nutzt chemische Verbindungen, sprich Arzneien, die eine der Krankheit entgegesetzte Wirkung haben, um Leiden zu mindern oder gar zu heilen. Contraria contrariis curantur. Die Krankheit wird mit einem Entgegengesetzten wirkenden Mittel behandelt, z. B. Bluthochdruck mit einem Mittel zur Blutdrucksenkung.

In der Homöopathie gilt „Ähnliches soll durch Ähnliches geheilt werden" (*similia similibus curentur*, Hahnemann). Danach solle ein homöopatisches Arzneimittel so ausgewählt werden, dass es an Gesunden ähnliche Symptome hervorrufen könne wie die, an denen der Kranke leidet, wobei auch der „gemüthliche und geistige Charakter" des Patienten berücksichtigt werden muss. Zur Herstellung der homöopathischen Arzneimittel werden die Ausgangssubstanzen einer sogenannten Potenzierung unterzogen, das heißt, sie werden wiederholt (meist im Verhältnis 1:10 oder 1:100) mit Wasser oder Alkohol verschüttelt oder mit Milchzucker verrieben. Diese Verdünnungen wurde von Hahnemann anfänglich deshalb durchgeführt, weil zahlreiche der von ihm verwendete Stoffe selbst in kleinen Mengen noch zu giftig waren, um sie seinen Patienten verabreichen zu können. Daraufhin machte er an seinen Patienten die erstaunliche Erfahrung, dass sich die Heilwirkung seiner Arzneien, wenn er sie auf jeder Verdünnungsstufe verschüttelte oder verrieb, trotz der durchgeführten Verdünnungen merklich verbesserte. Erst in einer späteren Phase verordnete Hahnemann sogenannte Hochpotenzen, in denen (ab der D23, der sogen. Avogadro´schen Zahl) nicht ein Molekül der Ausgangssubstanz mehr vorhanden ist. Aus heutiger Sicht lassen sich die immer wieder zu beobachtenden Heilungen durch Hochpotenzen nur durch die Weitergabe von arzneispezifischen Informationen erklären.

An dieser Stelle ist nochmals darauf hinzuweisen, dass zur Zeit Hahnemanns niemand etwas von elektromagnetischen Feldern wusste und Hahnemann, bei dem Versuch, seinen Zeitgenossen die Wirkungsweise seiner neue Helmethode zu erklären, etwas beschreiben musste, wofür es noch gar keinen Namen gab. Er nahm an, dass durch das besondere Verfahren der Potenzierung oder „Dynamisierung" eine „im innern Wesen der Arzneien verborgene, geistartige Kraft" wirksam werde und schreibt in einer Fußnote zum § 11 des Organon: *„Auf die beste Art dynamisirter Arzneien kleinste Gabe, worin sich nach angestellter Berechnung nur so wenig Materielles befinden kann, dass dessen Kleinheit vom besten arithmetischen Kopfe nicht mehr gedacht und begriffen werden kann, äußert im geeigneten Krankheits-Falle bei weitem mehr Heilkraft, als große Gaben derselben Arznei in Substanz. Jene feinste Gabe kann daher fast einzig nur die reine, frei enthüllte, geistartige Arznei-Kraft enthalten und nur dynamisch so große Wirkungen* vollführen, als von der eingenommenen rohen Arznei-Substanz selbst in großer Gabe, nie erreicht werden konnte."

Im § 269 S.242 heißt es: „Die homöopathische Heilkunst entwickelt zu ihrem besondern Behufe die innern, geistartigen Arzneikräfte der rohen Substanzen, mittels einer ihr eigenthümlichen, bis zu meiner Zeit unversuchten Behandlung, zu einem, früher unerhörten Grade, wodurch sie sämmtlich erst recht sehr, ja unermeßlich - 'durchdringend' wirksam und hülfreich werden, selbst diejenigen unter ihnen, welche im rohen Zustande nicht die geringste Arzneikraft im menschlichen Körpern äußern. Diese merkwürdige Veränderung in den Eigenschaften der Natur-Körper, durch mechanische Einwirkung auf ihre kleinsten Theile, durch Reiben und Schütteln (während sie mittels Zwischentritts einer indifferenten Substanz, trockner oder flüssiger Art, von einander getrennt sind) entwickelt die latenten, vorher unmerklich, wie schlafend) in ihnen verborgen gewesenen, dynamischen (§ 11) Kräfte, welche vorzugsweise auf das Lebensprinzip, auf das Befinden des thierischen Lebens Einfluss haben. Man nennt daher diese Bearbeitung derselben Dynamisiren, Potenzieren."

Offensichtlich hatten aber bereits die Zeitgenossen Hahnemanns Schwierigkeiten, die Bedeutung des Verreibens oder Verschüttelns der Arznei nach jeder durchgeführten Verdünnung zu erkennen. Aus diesem Grund weist Hahnemann noch einmal ausdrücklich und anschaulich in einer Fußnote zu § 269 seines Organon der Heilkünste, S.244 darauf hin, dass Verdünnen und Bearbeiten des Arzneimittels erst zur Entwicklung der Arzneikraft führen. Bei dieser neuen Art der Arzneimittelzubereitung handelt es sich um zwei völlig verschiedene aber untrennbar miteinander gekoppelte Arbeitsvorgänge. Ich zitiere: *„Man hört noch täglich die homöopathischen Arznei-Potenzen bloß Verdünnungen nennen, da sie doch das Gegentheil derselben, d.i. wahre Aufschließung der Natur-Stoffe und zu Tage-Förderung und Offenbarung der in ihrem innern Wesen verborgen gelegenen specifischen Arzneikräfte sind, durch Reiben und Schütteln bewirkt, wobei ein zu Hülfe genommenes, unarzneiliches Verdünnungs-Medium bloß als Neben-Bedingung hinzutritt. Verdünnung allein, z.B. die, der Auflösung eines Grans Kochsalz wird schier zu bloßem Wasser; der Gran Kochsalz verschwindet in der Verdünnung mit vielem Wasser und wird nie dadurch zur Kochsalz-Arznei, die sich doch zur bewundernswürdigsten Stärke, durch unsere wohlbereiteten Dynamisationen, erhöht."* Ende des Zitates.

In seiner Arzneimittellehre (W. Buchmann: „Hahnemanns Reine Arzneimittellehre", S.34-35). schildert Hahnemann u.a. auch die Wirkung von Arnica (Bergwohlverleih):

„Die spezifische Heilkraft dieses Krautes ist eine Hilfe gegen das allgemeine Übelbefinden, welches von einem schweren Falle, von Stößen, Schlägen, von Quetschungen, Verheben oder vom Überdrehen oder Zerreißen der festen Teile unseres Körpers entsteht. Sie ist daher selbst in den größten Verwundungen durch Kugeln und stumpfe Werkzeuge sehr heilsam - so wie in den Schmerzen und anderem Übelbefinden **nach** *Ausziehen der Zähne und* **nach** *anderen chirurgischen Verrichtungen, wobei empfindliche Teile heftig ausgedehnt worden waren, wie nach Einrenkungen der Gelenke, Einrichtungen von Knochenbrüchen usw..In den Befindensänderungen, welche Arnica in gesunden Menschen hervorzubringen pflegt, ist das Übelbefinden von starken Quetschungen und Zerreißungen der Fasern in auffallender Ähnlichkeit homöopathisch enthalten."* (eigene Anmerkung: homöopathisch = der Krankheit ähnlich). Hahnemann warnt aber auch: *„Nur muss man sie"* (eigene Anmerkung: gemeint ist Arnica) *„nie in akuten fieberhaften Krankheiten anwenden - und ebensowenig in Durchfällen -, wo man sie immer sehr nachteilig finden wird. Am besten ist die innerliche Anwendung in der Potenz C 30."* Ende des Zitates.

Eine Arnica-Therapie erfüllt in diesen Fällen, wie Hahnemann selber darlegt, die Bedingungen des Simileprinzips. Empfindet solch ein Patient doch ganz ähnliche Beschwerden oder, um es mit Hahnemanns Worten zu sagen, ein ganz ähnliches „Übelbefinden", wie das, welches zuvor völlig gesunde Probanden bei Arzneimittelprüfungen mit Arnica an sich beobachten haben. Graduelle Unterschiede, die von der Intensität der Gewalteinwirkung und dem Umfang der Schadeinwirkung abhängen, brauchen bei der Wahl des homöopathischen Mittels nicht berücksichtigt zu werden. Es wird also Ähnliches durch Ähnliches geheilt.

Auf eine so einfache Art lassen sich an diesen hinsichtlich ihrer Symptomatik leicht und gut überschaubaren Fällen die Gültigkeit des Simileprinzips oder genauer formuliert das Gesetz: Ähnliches wird durch Ähnliches geheilt und die Wirkung von Hochpotenzen beweisen.

Damit sich jeder interessierte Leser sein eigenes Bild über die deutliche Wirkung homöopathischer Arzneimittel und insbesondere der sog. Hochpotenzen machen kann, empfehle ich, nach einer Gehirnerschütterung, einem Knochenbruch oder nach einfachen Prellungen, Quetschungen oder Zerrungen sowie nach Zahnextraktionen **unverzüglich** 5 bis 10 Arnica C30 Globuli (Kügelchen) im Mund zergehen zu lassen, um überrascht wahrnehmen zu können, wie die nach derartigen Verletzungen oder Zahnextraktionen üblichen Schwellungen und Blutergüsse ausbleiben oder nur in sehr abgeschwächter Form auftreten. Aus diesem Grund habe ich seit Jahren im Auto und bei Wanderungen immer Arnica C30-Globuli in greifbarer Nähe.

Um jedoch das Ähnlichkeitsprinzip zu gewährleisten und Komplikationen zu vermeiden, sollten Personen mit einer absonderlichen individuellen Blutungsneigung sowie Patienten mit Zahnwurzelvereiterungen oder einem anderen lokalen Infekt im Kopfbereich den Versuch mit Arnica nicht durchführen, da ihre Gesamtsymptomatik ein anderes homöopathisches Mittel zu ihrer Heilung erfordert. Sollte einmal in Folge einer eventuellen, zuvor nicht bekannten Blutungsneigung dennoch eine ungewöhnliche Nachblutung eintreten, empfiehlt sich unverzüglich eine Gabe von 5 Globuli Phosphorus C 30 einzunehmen, welche in den meisten Fällen kleine stark blutende Wunden rasch zu stillen vermag.

Der Erfolg nach einer Arnica-Therapie ist umso eindrucksvoller, je unmittelbarer Arnica nach der Schadeinwirkung eingenommen wird. Ist jedoch nach ein paar Stunden bereits eine erhebliche Schwellung oder ordentlicher Bluterguss entstanden, so wird er sich nach einer Arnica C 30 Gabe immer noch deutlich rascher zurückbilden als ohne eine solche.

Grundsätzlich möchte ich an dieser Stelle Sachunkundige vor weiteren Selbstversuchen warnen. Homöopathisch aufbereitete Substanzen haben zwar keine Nebenwirkungen im Sinne allopathisch wirkender Arzneimittel. Sie können jedoch, wie bereits dargelegt, bei besonders sensiblen Personen durchaus sog. Arzneimittelprüfungssymptome hervorrufen, die sich unter Umständen manifestieren und dann häufig nicht mehr abklingen. Dies gilt besonders für die Anwendung von Hochpotenzen und für zu lange oder zu häufige Verabreichungen dieser Arzneimittel.

Immer wieder wird die Frage gestellt, was das sogenannte Potenzieren bewirken soll. Man kann die innere Energie von Atomen steigern, indem man die Atome z. B. durch Schütteln oder Verreiben „anregt". Da sich infolge der so zugeführten kinetischen Energie die Rotationsgeschwindigkeit der im Atomkern befindlichen Quarks erhöht, werden die von ihnen gebildeten Elektronen auf ein höheres Energieniveau „angehoben"

Da Elektronen bestrebt sind, wieder ihren energieärmeren Grundzustand zu erreichen, strahlen sie, einem Dynamo am Fahrrad vergleichbar, je nachdem auf welchem Energieniveau sie sich befinden, Photonen mit den Informationen der Ausgangssubstanz ab und springen unmittelbar danach wieder auf ihren Ausgangspunkt zurück. Die von ihnen zuvor abgestrahlten Photonen vermögen nunmehr unter bestimmten Bedingungen über die Elektronen der Atome des betreffenden Verdünnungsmediums (Alkohol bzw. Milchzucker) die Atome und somit die Quarks dieses Verdünnungsmediums mit der in ihnen gespeicherten Information zu prägen. Ohne eine erneute Energiezufuhr, befinden sich diese bereits geprägten Atome ständig in einer Art „stand by modus". Sobald ihnen wieder Energie zugeführt wird (erneutes Verschütteln, Verreiben oder Körperwärme) strahlen sie nunmehr ihrerseits die gespeicherten neuen Informationen an andere noch nicht geprägte Atome ab.

Auch hier wieder der gleiche Mechanismus, wie er von der magnetischen Speicherung bekannt ist, da der Atomkern nicht nur wie ein Generator als Energiemaschine, sondern auch als elektromagnetischer Speicher fungiert. Darüber Hinaus ist jedes Atom auch Sender und Empfänger zugleich. Alle Atome strahlen nur Photonen ab, wenn Elektronen durch eine Energiezufuhr auf ein höheres Energieniveau „angehoben" wurden bzw. Elekronen auf ein niedrigeres Ernergieniveau zurückfallen. Der zehnte oder der hunderste Teil der Substanz wird nun erneut ad 10 bzw. ad 100 mit neuem Alkohol bzw. Milchzucker aufgefüllt. Bei dem erneuten Potenzierungsverfahren senden nun die noch verbliebenen „alten" Atome und Moleküle mittels der Photonen ihre Information an die neu hinzugefügten unspezifischen Atome des betreffenden Verdünnungsmediums und prägen auf diese Weise dessen unspezifischen Atome und Moleküle, welche nach dem erneuten Verschütteln oder Verreiben nunmehr ebenfalls zu Sendern werden Die Anzahl der Wiederholungen wird in der zur Anwendung kommenden Arznei mit der Zahl D für die Potenzierungsstufen 1:10 und C für 1:100 angegeben. So bedeutet Arnica D 6 dass die Potenzierung der Ausgangssubstanz sechsmal erfolgt ist und bei Arnica C 30 wurde die Potenzierung 30mal durchgeführt.

Wenn die Photonenenergie aber einen anderen Wert hat, also einen Wert, der nicht der Energiedifferenz zweier Energiestufen eines anderen Atoms entspricht, dann geschieht gar nichts. Nachdem ein Atom angeregt wurde, verliert es nach einer gewissen Zeit durch die Abgabe von Photonen die zugeführte Energie und kehrt wieder in den in den energieärmeren Zustand, in der Regel den Grundzustand, zurück.

Nach der Verabreichung einer nach den Richtlinien Hahnemanns aufbereiteten homöopathischen Arznei schleusen die Atome und Moleküle dieser Arznei die in ihnen gespeicherte arzneispezifische Information, in den erkrankten Organismus und somit in den körpereigenen interzellulären Informationsfluss des Patienten. Die Weitergabe ihrer arzneispezifischen Information ist jedoch nur möglich, wenn der Kranke noch genügend Lebensenergie (Körperwärme) besitzt, um die Quarks dieser arzneilichen Atome ausreichend anzuregen und ihre Elektronen auf ein höheres Niveau anzuheben, von welchem diese Photonen und somit ihre arzneispezifische Information abstrahlen können. Aber nur, wenn die abgestrahlten Photonen die nötige Energie besitzen, können sie die ihnen spiegelbildlich ähnlichen elektromagnetischen Störfelder, welche die diversen Krankheitssymptome des Patienten ausgelöst haben, löschen, was man Heilung nennt.

Neuerdings wird von Informatikern die Desoxyribonukleinsäure - DNS (englisch desoxyribonucleic acid - DNA), eine organische chemische Substanz, die in den allermeisten lebendigen Organismen als Träger der Erbinformation dient, als Speicher genutzt. Man geht davon aus, dass sie in Zukunft auch als Grundlage potenter Speichermedien genutzt wird. Es ist bereits gelungen, verschiedenste Formate auf einer solchen biologischen Festplatte zu verschlüsseln und auch anschließend fehlerfrei wieder zu entschlüsseln. Allerdings wird statt des binären Codes 0 und 1, bei der DNA mit den vier Bausteinen *Guanin (G), Uracil (U), Adenin (A), Cytosin (C).* agiert. Vielleicht regt dieser Sachverhalt den einen oder anderen „Experten" zum Nachdenken an, zeigt er doch, dass die mit dem Potenzieren verbundene Informationsspeicherung und Informationsübertragung keineswegs „Humbug" ist, wie es die Eliten verkünden. Außerdem kann sich jeder, der sich einen Zahn ziehen lassen muss oder irgendwelche normaler Weise mit Schwellungen und Blutergüssen einhergehende Prellungen oder Quetschungen erlitten hat, mit dem sehr einfachen, oben beschriebenen Arnica C30 Experiment selbst von der Realität überzeugen. Die elektromagnetische Induktion wurde 1831 von Michael Faraday bei dem Bemühen entdeckt, die Funktionsweise eines Elektromagneten („Strom erzeugt Magnetfeld") umzukehren („Magnetfeld erzeugt Strom"). Der Zusammenhang ist eine der vier Maxwellsche Gleichung. Die Induktionswirkung wird technisch vor allem bei elektrischen Maschinen wie Generatoren ausgenutzt. Bei diesen Anwendungen treten stets Wechselspannungen auf.

An dieser Stelle möchte ich noch einmal die bereits dargelegten Ansichten des Atomphysikers Bohm wiederholen. Bohm, der bei Oppenheimer, dem „Vater der Atombombe" promoviert hatte, befasste sich später als Professor für Physik mit der Problematik der Quantenrealität. Er übernahm eine Idee von Louis de Broglie und entwickelte eine mathematisch konsistente Interpretation der Quantenrealität mit lauter normalen Objekten. Danach ist ein Quantenobjekt als ein Teilchen mit zugeordneter Pilotwelle anzusehen, die es sozusagen darüber informiert, wie es sich zu bewegen hat.

Nach meiner Überzeugung handelt es sich hierbei um die Beschreibung eines Atomkernes als Quantenobjekt und den Elektronen in der Atomhülle, die als Pilotwellen bezeichnet werden, denn die Elektronen kommunizieren ja über die Photonen mit anderen Atomen. Auch die Interpretation des Doppelspaltexperimentes ist falsch, weil die Physiker nicht berücksichtigen, dass elektromagnetische Felder und Atomhüllen zwei Namen für einen Sachverhalt sind. Da der Atomkern nur den 10 000tel Teil eines Atoms ausmacht, verhalten sich elektromagnetische Felder und Atome im Doppelspalt-Experiment gleich. Deshalb macht es auch keinen Unterschied, ob man alle Photonen, Elektronen oder Atome gleichzeitig durch den Doppelspalt schickt oder hintereinander auf einer Fotoplatte zuschaut, wie sich allmählich ein „Interferenzmuster" aufbaut, denn Interferenz kann nur auftreten, wenn am gleichen Ort zur gleichen Zeit Wellen aufeinander treffen. Die Lösung des Problems ist die Tatsache, dass 50% aller elekromagnetischer Felder, einen rechtsdrehenden Spin haben und 50% einen linksdrehenden Spinn besitzen. Deshalb können sich elektromagnetische Felder entsprechend verstärken, schwächen oder sogar auslöschen, während die Atome bestehen bleiben. Mit Hilfe des Stern-Gerlach-Versuchs konnten die Physiker Otto Stern und Walter Gerlach die Richtungsquantelung von Drehimpulsen nachweisen. Es handelt sich hierbei um ein grundlegendes Experiment in der Physik und wird dazu benutzt quantenmechanische Effekte zu erläutern, die im Rahmen der klassischen Physik nicht erklärt werden können.

Casti, John L., (Verlust der Wahrheit, Knaur Sachbuch, München, 1990, S.569) erläutert das wie folgt: *„Nach der Pilotwellen-Vorstellung ist jedes Quantenobjekt ein wirkliches Teilchen, das jederzeit bestimmte Eigenschaften besitzt. Jedem solchen Objekt ist eine Pilotwelle zugeordnet, die ebenfalls real ist, aber nicht anders als durch ihre Einwirkung auf das Teilchen aufgespürt werden kann. Diese Welle heißt 'Quantenpotential' und hat die Funktion, die Umgebung zu 'lesen' und Befunde an das Teilchen rückzumelden. Es handelt sich um eine reale Welle, nicht mit der Wellenfunktion des Quantums zu verwechseln, die eine rein mathematische Konstruktion zu prognostischen Zwecken ist. Das Teilchen verhält sich dann nach Maßgabe der Information, die es durch die ihm zugeordnete Pilotwelle bekommen hat. Infolgedessen besteht in der Quantenpotential-Interpretation ein Quantenobjekt nicht aus einem einzigen 'Ding'-Teilchen oder Welle, sondern ist beides zugleich. Zu beachten ist, wie bei dieser Vorstellung die objektive Realität wieder zu ihrem Recht kommt, da die bisherige Schizophrenie zwischen dem Objekt als Teilchen und dem Objekt als Welle entfällt."* Ende des Zitates.

Natürlich gibt es auch gegen diese Theorie Einwände. Es ist jedoch wichtig festzuhalten, dass, auch in der Quantenphysik die Möglichkeit, die Umgebung zu „lesen" und die Befunde an das entsprechende Teilchen zurückzumelden, durchaus diskutiert werden kann, wenn man darf. Darum ist angesichts der nicht zu leugnenden Heilerfolgen mit hochpotenzierten homöopathischen Arzneien davon ausgehen, dass auch hier Informationen zwischen Teilchen ausgetauscht, weitergegeben, gespeichert und abgestrahlt werden.

Der Physiker A. Popp (25, S.38) zitiert in seinem Buch: „Biologie des Lichtes" erstaunliche Versuche aus der ehemaligen UdSSR, in denen beschrieben wird, dass eine keimfreie Zellkultur die gleichen pathologischen Zellveränderungen entwickelt wie eine Zellkultur, die durch Viren infiziert wurde, sofern sich beide Kulturen in Quarzglasgefäßen befinden und man beide Gefäße dicht nebeneinander stellt. Dieser Effekt bleibt jedoch aus, wenn man anstelle der Quarzglasgefäße entsprechende Gefäße aus herkömmlichen Glas verwendet oder die Quarzgläser zu weit auseinander stehen. Wir erinnern uns, dass die Lichtintensität, also die Strahlung, mit dem Quadrat der Entfernung abnimmt.

Unwillkürlich fragt man sich: Welche Eigenschaft besitzt der Quarz, die dem Glas nicht zu eigen ist? Die Lösung ist in diesem Falle recht einfach: Quarzkristalle sind optisch aktiv und haben die Eigenschaft, die Polarisationsebene des Lichtes zu drehen. Glas hingegen ist eine sogenannte Schmelze, also ein in seiner überwiegenden Masse nicht kristalliner Stoff und somit optisch inaktiv. Es streut das Licht und ist somit im Gegensatz zum Quarzkristall zur exakten Weiterleitung von Lichtsignalen, also von bestimmten

Informationen durch Photonen, ungeeignet, vergleichbar einer Milchglasscheibe, die zwar Licht durchlässt, aber keine exakte Information ermöglicht, was hinter der Scheibe vorhanden ist bzw. vorgeht. Man kann also wie im Nebel nicht sehen, was hinter der Milchglasscheibe wirklich ist.

Dieser von Popp angeführte Versuch ist in mehrfacher Hinsicht hoch interessant:

1. *beweist er, dass die gesunde Zellkultur eine genau definierte Information erhalten haben muss.*
2. *legt er dar, dass es Photonen, also elektromagnetische Schwingungen sind, welche durch die isolierenden Quarzgläser hindurch eine permanente informative Kommunikation zwischen den beiden Zellkulturen ermöglichen.*
3. *zwingt er, unseren althergebrachten Krankheitsbegriff neu zu überdenken, bzw. zu erweitern. Eine zuvor gesunde und keimfreie, vor Fremdeinflüssen stofflicher Art abgeschirmte Zellkultur zeigt die gleichen pathologischen Veränderungen, wie die neben ihr völlig isoliert stehende infizierte Zellkultur, weil sie über elektromagnetische Wellen in Form von Photonen eine bestimmte Störinformation erhalten und diese aufgeprägt bekommen hat! Wie man sieht, haben wir hier den gleichen Effekt, den wir bei gesunden Probanden im Rahmen einer Arzneimittelprüfung mit Hochpotenzen beobachten können. Dies alles beweist, dass elektromagnetische Wechselwirkungen (sog. Resonanzen) die Lebensvorgänge steuern und harmonische Funktionsabläufe durch elektromagnetische Störschwingungen beeinflusst werden können. Hahnemann, welcher als Sohn seiner Zeit von elektromagnetischen Wellen noch keine Kenntnis hatte, sprach bereits von „geistartigen Kräften", welche in der Lage sind, die Lebenskraft eines Menschen zu „verstimmen".*

Doch zurück zu den beiden Zellkulturen: Beide Zellkulturen haben zunächst ein vergleichbares physiologisches Grundschwingungsmuster. Nach der künstlichen Infektion mit Viren wird das Grundschwingungsmuster der infizierten Zellkultur durch die dauerhaft von den Krankheitserregern ausgehenden elektromagnetischen Störschwingungen (Fehlinformationen) derart verändert, dass innerhalb ihres zuvor harmonischen Schwingungsmusters Störfelder auftreten. Diese Störfelder sind es, welche primär zu Fehlinformationen und sekundär zu Fehlfunktionen mit den entsprechenden pathologischen Zellveränderungen führen. Setzt man nun die noch gesunde Zellkultur neben die erkrankte, kommt es zwischen beiden zu elektromagnetischen Wechselwirkungen. Die Grundschwingung dieser völlig keimfreien Kultur vermag die von der erkrankten Kultur ausgehenden Störschwingungen offensichtlich nicht „abzupuffern", und es kommt auch hier zu den gleichen pathologischen Veränderungen wie bei den durch Viren befallenen Zellen. Durch diesen Versuch wird auch verständlich, warum die Einnahme von homöopathisch aufbereiteten Arzneien bei einem gesunden Probanden eine „künstliche Krankheit" provozieren kann, wenn sie zu lange eingenommen wird.

Lebende Zellen sind also nicht nur in der Lage, elektromagnetische Wellen (Informationen) gezielt zu senden, sondern sie vermögen auch diese Informationen detailgetreu zu empfangen, zu „verstehen", zu verarbeiten und selbst wieder abzustrahlen. Aber was oder wer sendet und wer oder was empfängt? Wie erfolgt die Speicherung der Informationen und wo werden sie gespeichert?

In der Physik wird die Schwingung (Wellenstrahlung) als ein räumlich und zeitlich periodischer Vorgang definiert, bei welchem Energie transportiert wird, ohne dass gleichzeitig auch ein Massetransport stattfindet. Die transportierte Energie wechselt dabei periodisch ihre Form. Elektrische Schwingungen (bzw. elektrische Felder) erzeugen stets magnetische Schwingungen (bzw. magnetische Felder). Da sich elektrische Felder umgekehrt proportional zu magnetischen Feldern verhalten, hat dies zur Folge, dass sich das elektrische Feld immer in dem Maße abbaut, wie sich das magnetische Feld aufbaut und umgekehrt. Wie bei einem schwingenden Dipol (Antenne) gehen die elektrischen Felder nach dem Erreichen der maximalen Feldstärke gleichmäßig in ein magnetisches Feld über und umgekehrt. So entsteht ein gleichmäßiges An- und Abschwellen der beiden gegensätzlichen Felder, die sich gegenseitig durchdringen. Durch die Bezeichnung elektromagnetisches Wechselfeld wird diese Feldverzahnung deutlich erkennbar. Das bedeutet, dass ein elektromagnetisches Feld einer bestimmten Stärke ein entsprechend starkes, ihm spiegelbildlich ähnliches magnetoelektrisches Feld durch Interferenz löschen kann. Ein Sachverhalt, welcher für das weitere Verständnis der nachfolgenden Ausführungen ebenfalls von entscheidender Bedeutung ist.

Wenn ein homöopathisch arbeitender Arzt nach den von Hahnemann vorgeschriebenen Richtlinien eine Arznei verdünnt und ihr nach jedem einzelnen Verdünnungsvorgang durch Verreiben oder Verschütteln kinetische Energie zuführt, wird den Atomkernen der Milchzuckermoleküle, bzw. der Moleküle der alkoholischen Lösung, über die ihnen zugehörigen Elektronen die arzneiliche Information der zu verdünnenden Substanz komplementär aufmoduliert. Die Protonen verhalten sich also komplementär zu den Neutronen (Antiprotonen, die die geleugnete Antimaterie sind) und interagieren über den Photonenaustausch auf energetischer Ebene miteinander. Dieser Sachverhalt ist für die Molekularbiologie von elementarer Bedeutung. Dies lässt sich gut an dem komplementären Verhalten der Helix bei den Zellteilungsvorgängen nachweisen. Sobald sich die beiden Stränge der Erbsubstanz innerhalb der Zelle zu trennen beginnen, werden die frei werdenden beiden, sich komplementär zueinander verhaltenden DNA Stränge durch komplementäre Moleküle auf chemischer Ebene wieder vervollständigt. Auch hier wird der entscheidende Schritt auf der energetischen Ebene vorgegeben.

Bei entsprechender Energiezufuhr (Verschütteln oder Verreiben, bzw. durch die lebenden Organismen innewohnende Lebensenergie) strahlen die so geprägten arzneilichen Atomkerne über ihre Elektronen und Photonen das spiegelbildliche Arzneimuster gleichsam wie ein Sender ab. Die Situation ist vergleichbar mit Ton- und Bildkonserven verschiedenster Art. Es gibt jedoch zwei entscheidende Unterschiede: Die Oberflächen der Quarks und Antiquarks in den Atomkernen erfahren durch jede Änderung ihres Umfeldes, sofern ein bestimmter Schwellenwert überschritten wird, eine Umprägung. Auch hier das Alles oder Nichts Gesetz. Die Oberflächen der Quarks und Antiquarks in den Atomkernen sind in der Lage, permanent den aktuellen Informationsstand zu speichern und abzustrahlen, indem sämtliche gespeicherten Informationen ihren speziellen Spektralstrahlen aufmoduliert werden (ganz ähnlich wie die Rundfunk- und Fernsehsender es mit ihren Leitstrahlen tun). Auch hier wieder selbstähnliche Vorgänge.

Derartige Veränderungen in der Prägung der Atome lassen sich mit dem Colorplate-Verfahren bildlich darstellen. Diese Aufnahmetechnik wurde von Dipl. Ing. Dieter Knapp aus der Kirlian-Fotografie entwickelt. Bei diesem Verfahren wird ein Tropfen des zu untersuchenden homöopathisch aufbereiteten Arzneimittels auf einen Film gegeben. Zwischen den beiden Polen einer gepulsten Hochspannungsquelle, durch eine Platte isoliert, entsteht ein Bild, das als Fotodokument verwendet werden kann. Diese Ergebnisse sind reproduzierbar und zeigen für die unterschiedlichsten Arzneimittel und deren verschiedenste Potenzierungsstufen typische Strahlenmuster. Eine deutliche Unterscheidung der verschiedensten Stoffe und Potenzen ist bis zur D200 möglich. Selbst ältere homöopathisch aufbereitete Arzneimittel zeigen noch das gleiche Strahlungsmuster, wenn auch in abgeschwächter Intensität. Es lässt sich also mit diesem Verfahren erkennen, ob ein Arzneimittel bereits potenziert wurde oder nicht. Interessanterweise kann bei bereits potenzierten Arzneimittelverdünnungen auf den einzelnen Potenzierungsstufen trotz weiterer Verschüttelungen bzw. Verreibungen keine weitere Änderung des Strahlenmusters mehr bewirkt werden. Erst nach einer weiteren Verdünnung mit anschließender Verschüttelung bzw. Verreibung ändert sich das Strahlenmuster wieder. Die beschriebenen Beobachtungen beweisen, dass ein homöopathisches Arzneimittel nach jedem Potenzierungsvorgang abgesättigt ist und - einem voll bespielten Chip vergleichbar - keine weiteren Informationen mehr aufnehmen kann.

Diese Feststellung stimmt mit den Beobachtungen am Kranken überein, die bestätigen, dass man eine homöopathisch aufbereitete Substanz beliebig lange verschütteln bzw. verreiben kann, ohne dass eine Steigerung der Wirkung zu erreichen ist. Einen weiteren wichtigen Hinweis für meine Annahme, dass die Speicherung an den Oberflächen der Quarks und Antiquarks in den Atomkernen erfolgt, ist die Beobachtung, dass sich die Strahlungsbilder von den verschiedensten Substanzen und Potenzen nicht mehr voneinander unterscheiden lassen, wenn man sie auf 60 Grad Celsius erwärmt. Nach Abkühlung treten die typischen Strahlungsmuster jedoch wieder auf. Werden aber die Substanzen zum Sieden gebracht, lässt sich auch nach Abkühlung kein charakteristisches Strahlenbild nachweisen. Resch, G./Gutmann, V.: Wissenschaftliche Grundlagen der Homöopathie, 2. Aufl., O.-Verlag, Berg am Starnberger See, 1987, S. 360 schreiben, dass bekannt ist, dass Hochpotenzen durch Erwärmen oder Bestrahlen ihre Arzneimittelwirkung einbüßen. Bei 60 Grad ist das oszillierende System Atom in einem sehr labilen Grenzbereich, findet aber nach einer Abkühlung, also Energieentzug, wieder in seinen stabilen Schwingungszustand und Schwingungsrhythmus zurück. Bei einer Lautsprecheranlage würde man von einer Übersteuerung sprechen. Im Bereich des Siedepunktes hingegen befinden sich die Atome im Zustand eines Phasenüberganges. Das bisherige System (flüssiges Arzneimittel) wird instabil und geht in ein anderes, stabiles System (gasförmiger Zustand) über (Phasenübergang, neuer Aggregatzustand). Die Informationen auf den Atomkernen werden in dieser Phase unwiederbringlich gelöscht. Nach einer Abkühlung ist deshalb kein charakteristisches Strahlungsbild mehr zu erwarten. Anders ist die Situation nach einer Bestrahlung. Durch energiereiche Strahlen erfolgt eine direkte Einwirkung auf die Atomhülle und die Elektronen. Röntgen- oder Mikrowellenstrahlen löschen deshalb unmittelbar die auf den Oberflächen der Quarks und Antiquarks gespeicherten Informationen für immer.

Bei den Atomen tasten die Elektronen ihre Umgebung über Photonenaustausch ab und stehen durch permanente Rückkopplungen mit den Quarks ihrer Atomkerne in steter Wechselwirkung. Diese Resonanzfähigkeit der verschiedensten Systeme ist für den Informationsaustausch von entscheidender Bedeutung. Nicht minder bedeutungsvoll ist die Synchronisation dieser Systeme, da durch sie ein für das betreffende Kollektiv typischer Rhythmus entsteht, welcher sich letztendlich als Biorhythmus zu erkennen gibt. Auch hier wieder die Selbstähnlichkeit, die sich wie ein Ariadnefaden von den elementaren, synchronisierten Schwingungen der Urstoffteilchen in den jeweiligen Feldern bis zum Menschen verfolgen lässt. Egal ob es sich um sogenannte primitive Kulturen oder den modernen „Industriemenschen" des Informationszeitalters handelt, alle sprechen stark auf Rhythmen an. Als Informationsquelle dienen die stehenden Wellen und ihre Interferenzmuster, die ihrerseits wiederum mit den Elektronen ihres Umfeldes wechselwirken.

In allen Lebewesen haben wir es entweder mit links- oder rechtsdrehenden Molekülen zu tun, während in der anorganischen Natur Racemate, also ein Gemisch aus rechts- und linksdrehenden Molekülen üblich ist. Wenn eine Arznei homöopathisch aufbereitet wird, so stellt dies ja keineswegs nur einen Verdünnungsvorgang dar, wie die Gegner der Homöopathie fälschlicher Weise behaupten. Vielmehr wird allen Molekülen und Atomen der arzneilichen Ausgangssubstanz auf jeder einzelnen Verdünnungsstufe durch Verreiben bzw. Verschütteln kinetische Energie zugeführt. Auf Grund dieser Energiezufuhr kann diese Arznei ihr Schwingungsmuster nunmehr verstärkt abstrahlen und (über die ebenfalls aktivierten Elektronen des Verdünnungsmittels) ihre arzneispezifische Information den Atomen des unspezifischen Verdünnungsmittels aufprägen. Hierbei spielen, wie im Folgenden ausführlich dargelegt wird, die Spins der einzelnen Protonen bzw. Atomkerne eine Schlüsselrolle.

Meinem Denkmodell zufolge sind bereits die Protonen, also die Atomkerne des Wasserstoffs, komplementär aufgebaut: 50% der Protonen bestehen aus einem d-Quark/Antiquarkpaar, dessen Urstoffteilchen parallel und 50% aus einem d-Quarkpaar, dessen Urstoffteilchen antiparallel zur Rotationsachse ausgerichtet sind. Ebenso haben 50% der d-Quark/Antiquarkpaare einen spiegelbildlichen Spin (Drehrichtung). Wie sonst sollten sich zwei Protonen, die sich ja auf Grund gleicher Ladung abstoßen müssten, zu dem Wasserstoffmolekül H_2 verbinden, wenn nicht die beiden Elektronen einen entgegengesetzten Spin hätten, der sich wiederum nur durch den komplementären Aufbau der Protonen erklären lässt, sofern man nicht an das Märchen vom Urknall glaubt. Aber auch der Aufbau aller Atome beruht auf diesem Komplementaritätsprinzip. Nach Pauli darf keine kreis- oder ellipsenförmige „Quantenbahn" innerhalb einer Schale des Atoms von mehr als zwei Elektronen besetzt sein. Diese Elektronen müssen außerdem entgegengesetzt spinen, d.h. sie dürfen nicht die gleiche Drehrichtung haben. Dieses Gesetz wird deshalb auch als „Pauli Prinzip" oder auch „Ausschließungsprinzip" bezeichnet. Da die „Ordnungszahlen" der chemischen Elemente durch die

Zahl der Protonen bzw. deren Elektronen bestimmt wird, müssen sich die Atomkerne grundsätzlich aus komplementär aufgebauten Protonen zusammensetzen. Dieser Sachverhalt erklärt auch, warum sich grundsätzlich alle Racemate aus 50% linksdrehenden und 50% rechtsdrehenden Molekülen zusammensetzen. Dieser Tatbestand ist für das Verständnis der nachfolgenden Ausführungen von entscheidender Bedeutung. Denn ab der zweiten Potenzierungsstufe prägen die Protonen die Antiprotonen mit der Arzneimittelinformation. Beim darauffolgenden Potenzierungsvorgang prägen dagegen die Antiprotonen die Protonen mit der Arzneimittelinformation; d.h. die Protonen mit dem d-Quark/-Antiquarkpaar (das sich im Uhrzeigersinn dreht) werden jetzt die Protonen mit dem d-Quark/Antiquarkpaar (das sich entgegen dem Uhrzeigersinn, also spiegelbildlich dreht) prägen usw.. Hieraus ergibt sich die zwingende Schlußfolgerung, dass diese Atome bei hinreichender Energiezufuhr (Schwellenreiz, Selbstähnlichkeitsprinzip) das ihnen aufgeprägte Arzneimuster nur spiegelbildlich über ihr spezifisches Spektralmuster abstrahlen können. Nichts anderes macht ja z.B. die Doppelhelix des Gencodes, wenn sie durch die Basenfolge des einen DNS-Stranges die Basenfolge des komplementären DNS-Stranges bereits vollständig determiniert. Auch bei der Zellteilung findet eine Reduplikation der beiden Helix-Stränge nach dem gleichen Schema statt. Bei der Transkription wird von einer DNS-Sequenz ausgehend die Messenger-RNA aufgebaut, welche ihrerseits wiederum die Eiweißmoleküle synthetisiert usw. . Hier wird also auf materieller (biochemischer) Ebene „ausgeführt", was bereits auf energetischer oder - wie es Hahnemann aus der Sicht seiner Zeit mit den Möglichkeiten seines Vokabulars lehrte - auf geistartiger (dynamischer) Ebene vorgegeben ist. Bei der synthetischen Herstellung von Arzneimitteln entstehen ebenfalls Racemate, von denen nur die Moleküle mit einer bestimmten Händigkeit, also einem bestimmten spiegelbildlichen Aufbau der Andockstellen (Liganden), zu den Rezeptoren „entsprechender" Moleküle im lebenden Organismus ihre pharmakologische Wirkung entfalten, während die anderen Moleküle unwirksam sind oder eine andere Funktion ausführen und deshalb den Organismus vor allem durch ihre Abbauprodukte unnötig belasten. Dies ist auch ein Grund, warum natürliche Vitamine wirksamer sind als synthetisch hergestellte Vitamine, da die natürlichen Vitamine keine Racemate sind. Seit z.B. durch geeignete Adsorbentien die Arzneimittelindustrie in der Lage ist, spiegelbildliche Moleküle zu trennen, ist man bemüht, Arzneimittel mit einer ganz bestimmten Händigkeit auf den Markt zu bringen. Die Pharmakologen machen sich somit bei den chemischen Reaktionen, also auf der „materieller Ebene", den gleichen Wirkungsmechanismus zunutze, den die Homöopathie auf „energetischer Ebene" schon seit 200 Jahren nutzt - sehr zum Ärger der etablierten Wissenschaften. Sowohl der allopathisch therapierende Mediziner wie der homöopathisch arbeitende Arzt benutzen das Gesetz von Aktion und Reaktion, die Wechselwirkung von Rezeptor und Ligand, Gift und Gegengift. Der Allopath befindet sich allerdings im „Reich der Materie" und muss folgerichtig auch deren Gesetze befolgen und das richtige Gegenmittel einsetzen, um über Regelkreise eine Fehlfunktion im Organismus zu korrigieren. Der mit Hochpotenzen arbeitende Homöopath dagegen befindet sich im „Reich der Energie", einer übergeordneten Energiestufe, oder besser gesagt, in einem anderen Aggregatzustand der Materie. Er nutzt die strukturbildenden Eigenschaften der stehenden Wellen und der elektromagnetischen Felder, um eine Heilung durch Interferenz direkt zu erzielen. Nebenwirkungen scheiden aus, da keine chemischen Reaktionen auftreten. Physikalisch ist die Speicherung elektromagnetischer Schwingungsmuster auf der Quarkoberfläche als das Gedächtnis der Atomkerne zu verstehen. Was auf energetischem Bereich die Interferenz, ist auf molekularer Ebene das „Schlüssel-Schloss-Prinzip". Dieser Sachverhalt ist auch nicht weiter verwunderlich, da stehende Wellen für die Struktur der Atome und Moleküle verantwortlich sind. Dieser Sachverhalt erklärt aber auch, warum in der anorganischen Natur Racemate, also Gemische aus rechts- und linksdrehenden Molekülen im Verhältnis 1:1 vorkommen, während im lebenden Organismus die Moleküle überwiegend links- oder rechtsdrehend sind.

Optisch aktive Verbindungen treten stets in 2 Stereoisomeren auf, den sog. Antipoden. *„Optische Isomerie"* (Schröter, Werner u.a.: Taschenbuch der Chemie, VEB Fachbuchverlag Leipzig, 1974 *S.449) „ist abhängig von der Anwesenheit eines asymmetrischen C - Atoms, eines C - Atoms mit vier verschiedenen Liganden, symbolisch dargestellt durch C*. Alle Moleküle, die ein asymmetrisches C - Atom enthalten sind optisch aktiv, d.h. ihre Lösungen drehen die Schwingungsebene des polarisierten Lichtes.*

Die Drehrichtung wird bei rechtsdrehenden Stoffen mit (+), bei linksdrehenden mit (-) angegeben. Optisch aktive Moleküle, die sich wie Bild und Spiegelbild verhalten, heißen optische Antipoden. Sie besitzen die gleichen chemischen und physikalischen Eigenschaften bis auf die unterschiedliche Drehrichtung der Schwingungsebene des polarisierten Lichtes. Dabei ist der Betrag der Drehrichtung gleich." Ende des Zitates.

An dieser Stelle sei noch einmal darauf hingewiesen, dass grundsätzlich zwischen einer sehr komplexen materiellen Ebene, die unsere tägliche Erfahrung widerspiegelt und der äußerst einfach strukturierten energetischen Ebene, einer Art „Jenseits" unterschieden werden muss. Beide Ebenen verhalten sich nach dem Gesetz von Aktion und Reaktion komplementär. Stehende Wellen und unterschiedliche Felder strukturieren das Universum ebenso wie die einzelnen Atome und Moleküle. Deshalb können Störschwingungen ein System destabilisieren und sich nach dem Schmetterlingseffekt so aufschaukeln, dass sie das vorherrschende System sogar zerstören. Ein Vorgang, den die Teilchenphysiker bei dem radioaktiven Zerfall von Atomen irrtümlich, als schwache Kernkraft bezeichnen. Ein sicheres Zeichen, dass man den Vorgang nicht verstanden hat. Umgekehrt können diese Störschwingungen durch Interferenz gelöscht werden, so dass das gestörte System von selbst wieder in seine ursprüngliche ihm eigene Grundschwingung und seinen Eigenrhythmus zurückfindet.

Eine Krankheit, sofern sie nicht auf mechanischen Ursachen beruht, ist nichts anderes als eine unterschiedlich starke Störung der Grundschwingung einer Zelle, eines Organs oder gar des gesamten Organismus. So erklärt sich auch das sog. „Heringsche Gesetz", welches u.a. besagt, dass in der Regel während der homöopathischen Therapie eines chronischen Leidens die Krankheitssymptome in der umgekehrter Reihenfolge ihres Auftretens mehr oder minder schnell verschwinden. Auch hier wieder der Effekt, dass sich eine Störung zunächst aufschaukelt, um sich dann in umgekehrter Reihenfolge wieder abzubauen. So braucht ein Sturm, je nach Größe und Tiefe eines Gewässers, eine gewisse Zeit, bis erste Wellen entstehen, die größer und größer werdend, schließlich als riesige Brecher auf das Ufer prallen. Ist der Sturm vorüber, bilden sich die Wellen in umgekehrter Weise wieder zurück. Während dies auf einem See relativ schnell geschieht, werden im Atlantik noch in Regionen hohe Wellen zu beobachten sein, wo zuvor überhaupt kein Lüftchen wehte.

Nach dem Selbstähnlichkeitsprinzip spielt sich nichts anderes in einem Organismus ab. Wie sonst könnte ein Mensch per definitionem tot sein, obwohl seine Organe für Transplantationen hervorragend geeignet, d.h. noch voll funktionsfähig sind. Der tote Körper unterscheidet sich chemisch in nichts vom lebenden. Der Unterschied liegt auf der energetischen Ebene. Eben dem Jenseits, das in unser Diesseits hineinwirkt. Ein oszillierendes System, welches sich fern seines Gleichgewichtszustandes befindet, gelangt als Folge unzureichender Energie- und Materiezufuhr irreversibel in den tödlichen gleichgewichtsnahen Zustand. Deutlicher lässt sich wohl kaum der Unterschied zwischen einer auf einer linearen Denk- und Vorgehensweise beruhenden Ingenieurwissenschaft und der nichtlinearen Denkweise von Biologen und Medizinern darstellen. Siehe Abbildung.

Nach Entfernen der Magnete bricht das Magnetfeld zusammen, die strukturbildenden Eigenschaften der Feldlinien gehen verloren und die Eisenspäne werden sich durch kleine Erschütterungen um so stärker verteilen, je länger man sie liegen lässt. Nichts anderes geschieht, wenn ein Organismus stirbt. Die Materie bleibt, die strukturbildenden elektromagnetischen Felder brechen zusammen, die Oszillationen hören auf, der Körper verfällt, die Zellen werden zersetzt.

Doch zurück zur Homöopathie. Beim Potenzieren werden nicht nur Informationen auf der Oberfläche der Quarks und Antiquarks in den Atomkernen gespeichert. Durch die jeweiligen Verdünnungen wird noch ein weiterer günstiger Effekt erzielt. Während des fortschreitenden Verdünnens werden von Potenzierungsstufe zu Potenzierungsstufe sämtliche Verunreinigungen, die nun einmal unterschiedlich stark bei Arzneimitteln bestehen, beseitigt, oder besser gesagt „herausverdünnt".

Angenommen eine Arznei hat eine Verunreinigung von $1 : 10^{-8}$. Spätestens ab der Potenz D9, C5 oder LM3 sind diese materiellen Störkomponenten als Folge einfacher Verdünnungen eliminiert. Es bleiben aber zunächst noch Atome des Verdünnungsmediums, die durch die Störschwingung geprägt sind. Aber auch sie werden im Laufe der weiteren Potenzierungsschritte immer stärker ausgedünnt, so dass schließlich nur noch die reine Arzneimittelschwingung übrig bleibt.

Sechs Magnete bilden ein Magnetfeld, in dem sich die Eisenspäne entsprechend den Feldlinien ausrichten

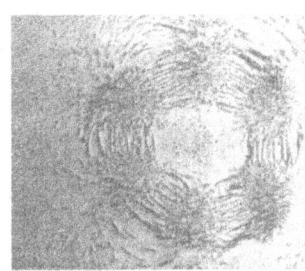
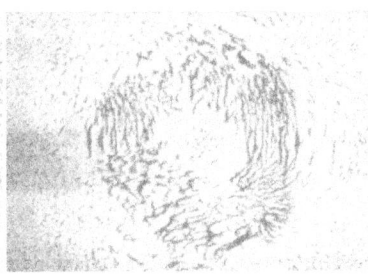

Eisenspäne über einem Ring aus 6 Magneten

Eisenspäne 2 Stunden nach dem Entfernen der 6 Magneten

Trotz gleicher chemischer und physikalischer Eigenschaften ein Unterschiedliches Bild nach Entfernen der Magnete.

In einem homöopathisch aufbereiteten Arzneimittel haben wir folglich die gleichen Voraussetzungen, wie in den Molekülen und Zellen von Organismen. Auch hier wieder die Selbstähnlichkeitsregel. Nach den von mir gemachten Darlegungen entspricht eine homöopathisch aufbereitete Arznei in der Pharmakologie (Allopathie) einer links- oder rechtsdrehenden Arzneisubstanz und enthält grundsätzlich die spiegelbildliche Information der arzneilichen Ausgangssubstanz. Die geprägten Atome werden von den Elektronen wie von einem Laser abgetastet und können die von ihnen ermittelten Informationen über Photonen bei geeigneter Energiezufuhr (z.B. Lebensenergie) direkt an ihre Umgebung abstrahlen. In diesem Zusammenhang ist es besonders wichtig, darauf hinzuweisen, dass durch die Zufuhr einer nach dem Ähnlichkeitsprinzip gewählten, homöopathisch aufbereiteten Arznei sämtliche den arzneilichen Schwingungen entsprechenden Störschwingungen innerhalb des Organismus (völlig unabhängig von dem Ort ihres Auftretens) gleichzeitig gelöscht werden, so dass als erfreulicher Nebeneffekt Beschwerden verschwinden können, von denen der behandelnde Homöopath keine Kenntnis hatte. Diese Beobachtungen verdeutlichen, dass die Homöopathie nicht nur von ihrer stets den ganzen Menschen einbeziehenden Diagnosestellung, sondern auch von ihrer Wirkung her als eine ganzheitliche Therapie bezeichnet werden muss. So erklärt sich auch, warum nach der auf dem Simileprinzip basierenden Lehre Hahnemanns dasjenige Mittel für die Heilung eines Kranken am geeignetsten ist, dessen Arzneimittelbild dem Gesamtsymptomenbild des jeweiligen Patienten am meisten ähnelt. Erst unter diesen Voraussetzungen ist eine sichere, schnelle und sanfte Heilung im Sinne Hahnemanns möglich. Ist jedoch der Patient bereits so geschwächt, dass seine Lebensenergie einen kritischen Grenzwert unterschreitet, bleibt eine noch so gut gewählte homöopathische Arznei wirkungslos.

In letzter Zeit wurden Geräte entwickelt, die über Akupunkturpunkte erkrankter Regionen elektromagnetische Störschwingungen vom Körper des Patienten abgreifen, spiegelbildlich umwandeln und an den Organismus zurückgeben (Bioresonanztherapie). Will man verhindern, dass sich diese spiegelbildlichen Schwingungen im Organismus manifestieren, indem sie nach Löschung der körpereigenen Störschwingungen nun ihrerseits zu Störschwingungen werden, darf auch hier die „Strahleneinwirkung" nur von kurzer Dauer sein.

Den gleichen Wirkungsmechanismus wie bei der Homöopathie finden wir auch bei der Bachblütentherapie. Zur Herstellung der einzelnen Urtinkturen und Erschließung ihrer energetischen Kraft werden die von Bach,

E. (Bach Edward: Blüten, die heilen, Originalausgabe, Heyne Verlag, München, 1990) als besonders wirksam gefundenen Blüten, auf Quellwasser schwimmend, intensiver Sonnenbestrahlung ausgesetzt. Auf diese Weise gelangen ihre Wirkstoffe in das Quellwasser (Kaltextraktion). Hier ist es die Sonnenenergie, welche die einzelnen Atome des Arzneimittels offensichtlich soweit anzuregen vermag, dass die Moleküle der in das Quellwasser gelangten pflanzlichen Wirkstoffe die Atome der Wassermoleküle spiegelbildlich prägen können. Die kinetische Energiezufuhr durch Schütteln oder Verreiben, wie sie beim Potenzieren in der Homöopathie angewendet wird, ersetzt die Bachblütentherapie durch die Zufuhr von Sonnenenergie.

Wichtig ist jedoch bei alledem, dass die Energiezufuhr einen bestimmten Schwellenwert übersteigt. Auch hier gilt, wie überall, das Alles oder Nichts Gesetz. Auch hier zieht sich das Selbstähnlichkeitsprinzip wie ein Ariadnefaden vom Quantensprung des Elektrons über den Versuch von Hertz mit den Photonen und der Metallplatte bis hin zu allen biologischen Systemen und Funktionsabläufen. Dabei spielt es keine Rolle, ob die Energie durch mechanische Abläufe (Verreibungen bzw. Verschüttelungen), durch die Einwirkung von Sonnenstrahlen oder durch die Lebensenergie zugeführt wird.

Ob man sich nun bei einer Therapie, sofern sie auf dem Ähnlichkeitsprinzip beruht, potenzierter Arzneien oder Bachblüten bedient oder ob man (ohne den Umweg über andere Substanzen) die krankmachenden Störschwingungen direkt vom Organismus abgreift, in Inversgeräten umwandelt und sie in spiegelbildlicher Form dem Kranken zurückgibt, macht letztlich keinen Unterschied: Alle drei Methoden bedienen sich zur Heilung der Sprache des Kosmos, also den Wechselwirkungen zwischen stehenden Wellen und elektromagnetischen Feldern durch Interferenz.

Die stehenden Wellen sind für die Strukturbildung verantwortlich. Die Materie speichert die Informationen und die Interferenz bildet die informative Rückkopplung, indem sie die stehenden Wellen verändert und die Veränderung der stehenden Wellen die Strukturen verändert. Dies ist auch der Grund dafür, dass z.B. Lebewesen ihre Umwelt „förmlich" abbilden, und dies im wahrsten Sinne des Wortes. So entwickelten sich bei genetisch völlig verschiedenen Lebewesen durch Anpassung an die Umwelt ähnliche Merkmale hinsichtlich Gestalt und Organen. In diesem Zusammenhang sei nur an die stromlinienförmige Körperform bei Fischen und wasserbewohnenden Säugetieren oder an das Erscheinungsbild von Vögeln und Fledermäusen erinnert. Ein Fisch ist seinem Lebensraum ebenso ideal angepasst wie ein Vogel. Und wenn irgendwo auf einem Berg oder in einer Wüste ein Archäologe den versteinerten Abdruck eines Fisches findet, so darf er aus diesem Fund schließen, dass dieses Gebiet einmal ein Meer oder See war, obwohl die Landschaft, dem Augenschein nach, nicht auf eine derartige Vergangenheit schließen lässt.

Der Schlüssel zum Verständnis derartiger morphologischer Anpassungsvorgänge liegt in den Tripels, die den Gencode aufbauen. Diese Tripels sind gleichzeitig für die dreidimensionale Orientierung der Moleküle notwendig und werden durch die stehenden Wellen der beiden u-Quark/ Antiquarkpaare und eines der beiden d-Quark/Antiquarkpaare aufgebaut. Das ist der Grund, warum der Gencode der DNS aus den Basen Adenin, Thymin und Cytosin besteht. Interessanterweise kann Cytosin gegen Guanin ausgetauscht werden. Dies entspricht auch dem Sachverhalt, dass es vier verschiedene Quark/Antiquarkpaare gibt, von denen aber immer nur drei ein Proton aufbauen können. Das bedingt wiederum, dass Adenin (eine Purinbase) und Thymin (eine Pyrimidinbase) von den stehenden Wellen der beiden u-Quark/Antiquarkpaaren aufgebaut werden, während Guanin (eine Purinbase) und Cytosin (eine Pyrimidinbase) von den stehenden Wellen der beiden d-Quark/Antiquarkpaaren entsprechend ihrem spiegelbildlichem Spin gebildet werden. Das erklärt auch, warum der Gencode grundsätzlich aus Tripels besteht. Wie im Proton die drei Quark/Antiquarkpaare zunächst die drei Dimensionen bildeten, die zu einem viel späteren Zeitpunkt uns die Vorstellung eines Raumes ermöglichten, so wie die Struktur der Protonen und Neutronen (Antiprotonen) unter entsprechenden Rahmenbedingungen die Entstehung aller uns bekannten Elemente ermöglichte, so sind die Quarks und Antiquarks über die Atomhülle, die sie ja aufgebaut und strukturiert haben und die sie erhalten, für die Ausrichtung der jeweiligen Atome beim Aufbau der Moleküle verantwortlich. Die Quarks und Antiquarks sind also auch für die Struktur der Tripels in den Genen ursächlich. Diese Tripels bilden ihrerseits im nächsten Schritt und auf einer höheren Ordnungsebene die dreidimensionalen Moleküle, die einen lebenden Organismus in Form von Zellen und Organen ausmachen. Die Tatsache, dass im Gencode Cytosin durch Guanin ausgetauscht werden kann, hat weittragende Konsequenzen. So wie sich die beiden d-Quark/Antiquarkpaare spiegelbildlich zueinander verhalten, so wird jeder Organismus, bei dem der Gencode der DNS aus den vier Basen Adenin, Thymin, Cytosin und Guanin aufgebaut ist, auch aus zwei Hälften bestehen, die sich spiegelbildlich zueinander verhalten, entsprechend der komplementär angelegten Stränge in der Doppelhelix. Ganz allgemein bekannt ist, dass z.B. die Gesichtshälften eines jeden Menschen sehr ähnlich, aber nicht spiegelbildlich gleich sind. Dies ist die Auswirkung des Austausches von Cytosin und Guanin im Gencode.

Die Abweichungen im Aussehen der Gesichtshälften sind dadurch zu erklären, dass dieser Austausch nicht spiegelbildlich sondern komplementär erfolgt, also nur näherungsweise, eben ähnlich. Die vollkommene Symmetrie wird zwar überall in der Natur angestrebt, aber nie erreicht. Und weil das so ist, bleibt alles für alle Zeiten in Bewegung. Da sich jedes Quarkpaar aus einem Quark und seinem entsprechenden Antiquark zusammensetzt, erzeugt jedes Quarkpaar zwei verschiedene Impulse mit unterschiedlicher Spannung. Ein Vorgang, der in der Computertechnik zur Anwendung des Binärcodes führte. Nach dem Selbstähnlichkeitsprinzip finden wir im Morsealphabet das gleiche Informationsmuster. Was bei den Quarkpaaren die unterschiedlichen Spannungsimpulse, sind im Morsecode Strich-Punkt-Kombinationen. Da die Atomkerne beinahe die Temperatur des absoluten Nullpunktes haben, gibt es bei der „Aufzeichnung" der Umweltsignale und Umweltinformationen auch beinahe kein Rauschen. Es bestehen also optimale Empfangs- und Sendebedingungen bei einem Minimum an Energieaufwand. Die Atomkerne verhalten sich sozusagen wie wechselwarme Tiere. Sie werden erst entsprechend aktiv, wenn die Umgebungstemperatur, also die eigentliche Energiequelle, entsprechend stark ist.

Als Modell bietet sich die Biene an. Die als besonders arbeitsam bekannte Biene wird als wechselwarmes Tier erst aktiv, wenn es für sie ausreichend warm ist. Der Bienenkörper ist in diesem Denkmodell als Atomkern zu verstehen. Die Flügel würden den Elektronen entsprechen. Je wärmer es wird, je mehr Energie also dem Bienenkörper zugeführt wird, umso aktiver wird die Biene und um so frequenter, also energiereicher, der Flügelschlag. Der Bewegungsablauf der Flügel bleibt dabei gleich. Lediglich die Frequenz nimmt zu. So wie die Biene durch ihren Tanz wichtig Informationen an ihre Artgenossinnen weitergibt, die diese Informationen auch verstehen und entsprechend reagieren, so gibt der Atomkern über das oder die Elektronen seine von ihm gespeicherten Informationen über Photonen an andere Atome und Moleküle weiter, die dann ebenfalls entsprechend reagieren und je nach energetischer Situation die Informationen untereinander austauschen und eventuell neue Informationen speichern. Zu welcher Intensität sich derartig Strahlungen aufschaukeln können, zeigen die Pheromone (Sexuallockstoffe weiblicher Insekten), die von den männlichen Geschlechtspartnern noch kilometerweit und unabhängig von der Windrichtung wahrgenommen werden können, da es sich um elektromagnetische Wellen mit laserähnlichen Infrarotkomponenten handelt (Popp, Fritz - A.: Neue Horizonte in der Medizin. Haug-Verlag, Heidelberg 1983). Diese laserähnlichen elektromagnetischen Wellen müssen also von dem Duftmolekül abgestrahlt werden. Derartige Duftmoleküle werden inzwischen synthetisch hergestellt und zur Bekämpfung von schädlichen Insekten eingesetzt. In den Weinanbaugebieten findet man häufig kleine Kunststoffbehältnisse, die diese laserähnlichen Wellen ausstrahlen. Dies geschieht ohne Batterie oder sonstige künstliche Energiezufuhr. Das Molekül verbraucht aber nachweislich Energie, wenn es elektromagnetische Wellen, noch dazu laserähnliche Wellen, abstrahlt. Je wärmer die Witterung, umso intensiver die Abstrahlung, umso aktiver die wechselwarmen Insektenmännchen. So ist die Frage: Wo kommt die Energie her und warum erschöpft sich der „Sender" nicht in kurzer Zeit, durchaus berechtigt. Hierfür gibt es folgende Erklärung: Wie bereits früher beschrieben und noch später näher ausgeführt wird, führt jede Temperaturerhöhung zu einer Energieverdichtung (Urstoffteilchenverdichtung) um die Atomkerne, so dass diese vermehrt laserähnliche Wellen abstrahlen können. Das Atom ist ein sich selbst in Dauerbetrieb erhaltender Generator, der die Gravitationskräfte nutzt und in elektromagnetische Kräfte umwandelt.

Die Farbtherapie und die Musiktherapie basieren, meinen Ausführungen zufolge, ebenfalls auf dem gleichen Wirkungsprinzip wie die Homöopathie, wirken jedoch nicht so spezifisch wie diese, sondern beeinflussen, der Bachblütentherapie vergleichbar, mehr allgemeine (sog. archaische) Grundstimmungen. Hier ist wichtig darauf hinzuweisen, dass die Schallwellen über das Ohr in elektromagnetische Schwingungen umgesetzt werden, während Photonen direkt auf das Auge treffen und die elektromagnetischen Impulse über den Sehnerv zum Gehirn weitergeleitet werden.

Auch an dieser Stelle ist wieder an das Alles oder Nichts Gesetz zu erinnern, das für die „tote Materie" ebenso wie für alle biologischen Systeme gilt. Ob Hertz mit Photonen Elektronen aus Metallplatten „schlagen" konnte oder nicht, hing ebenso von einem Schwellenwert ab, wie die Steigerung von Enzymaktivitäten bei Bestrahlung mit Photonen (Popp, Fritz-A.:Biologie des Lichts, Parey Verlag, 1984, Photonen - Die Sprache der Zellen, S.38).

Wie ist so etwas möglich? Zur Erinnerung: Der Atomkern des Wasserstoffs (das Proton) setzt sich aus drei Quark/Antiquarkpaaren, also aus den kleinsten Bausteinen der Materie zusammen. Die Quarkpaare bestehen jeweils aus einem Quark und seinem spiegelbildlichen Gegenstück, dem Antiquark. Damit das Proton nicht zerfällt, darf es weder Masse noch Energie an die Umgebung abgeben. Das ist jedoch nur möglich, wenn das Proton eine Temperatur besitzt, die konstant unter der Weltraumtemperatur, der sog. Hintergrundstrahlung, liegt. Da die Temperatur aber Ausdruck und Maß einer Bewegung ist, müssten die Quarks beinahe unbeweglich sein. Genau das Gegenteil ist aber der Fall. Die Quarks rasen mit Spitzengeschwindigkeiten von bis zu 15 000 km/sec umeinander (GEO: Teilchenphysik, Verlag Gruner und Jahr, Nr.7, 1987, S.82). Dabei sind die Quarks durch ihre enorme Dichte und die dadurch bedingte Anziehungskraft (Gravitationskraft) von einer dichten Wolke aus Urstoffteilchen, den sog. „bags", eingehüllt. Diese Urstoffteilchenwolke ist so dicht, dass es bisher nicht gelungen ist, die Quarks direkt zu „sehen". Alle bisherigen Erkenntnisse stammen aus indirekten Nachweismethoden und Berechnungen. Die Rotation der Quarks lässt sich nur so erklären, dass bei steigender Umgebungstemperatur die Urstoffteilchendichte um die Quarks ansteigt. Die Quarks können sich aber nicht aufheizen, da sie aus einem unbeweglichen Kondensat (Kristall) aus Urstoffteilchen bestehen. Da die Quarks sich nicht erwärmen können, muss die zugeführte Energie in Bewegungsenergie umgesetzt werden. Die Tatsache, dass sich Quarks nicht erwärmen können, ist auch der Grund, weshalb Protonen, sehr zum Ärger der Physiker, unter normalen irdischen Bedingungen nicht zerfallen. Durch den hohen Drehimpuls der Quarks werden nach meinen früheren Ausführungen die Urstoffteilchen in der Urstoffteilchenwolke, den „bags" extrem verwirbelt und es bildet sich eine Turbulenz, ein Elektron, das wie ein Hurrikan über dem Atomkern steht und dabei einerseits den Atomkern „abtastet", vergleichbar einem Laserstrahl auf einer CD, andererseits aber auch mit der Umwelt in Wechselwirkung steht. Dabei wirkt das Proton nicht nur als ein sich selbst erhaltender Generator (Dynamomaschine), sondern auch als Informationsspeicher, Sender und Empfänger. Werden gewisse Grenzwerte der Energiezufuhr, bzw. der Energieabgabe über- oder unterschritten, so kommt es zu dem berühmten Quantensprung. Die Anhänger der Quantentheorie lehren: Ein genau definiertes Energiepaket (Quant) bewirkt, dass das Elektron ein anderes Energieniveau (Orbit) einnimmt, ohne dabei die räumliche Distanz zu durchqueren.

Für mich ist ein derartiger Vorgang nur nachvollziehbar, wenn das Elektron ein Wirbel und nicht, wie behauptet wird, ein Materieteilchen ist, dass innerhalb von 10^{-8} Sekunden immer wieder neu aufgebaut wird. Es darf als allgemein bekannt vorausgesetzt werden, dass gefährliche, also energiereiche Strudel plötzlich verschwinden können, um sich völlig unerwartet an einer ganz anderen Stelle neu zu bilden. Das Elektron verhält sich ähnlich, denn sonst müsste es den Raum zwischen zwei Orbitalen durchqueren. Genau das, so die Physiker, ist aber nicht möglich. Das Elektron kann folglich kein Materieteilchen sein, sondern ist nur ein anderer Aggregatzustand (Phasenzustand) der Urstoffteilchen, ein elektromagnetisches Feld), der ein Teilchen vortäuscht und in Wirklichkeit ein Wirbel ist. Aus diesem Grunde fällt auch kein Elektron auf ein niedrigeres Energieniveau, sondern es zerfällt bzw. löst sich auf, sobald es ein Photon abstrahlt und baut sich, jetzt allerdings energieärmer, über einem anderen Quarkpaar neu auf.

Durch diesen Sachverhalt lässt sich z.B. auch die vermehrte Lumineszenz absterbender Zellen erklären, da sie ja nachweislich Energie verlieren und deshalb vermehrt Photonen abstrahlen müssen. Auch die Lichterscheinungen, von denen Reanimierte (bereits als klinisch tot betrachtete Personen) regelmäßig berichten, lassen sich als Folge eines Energieverlustes durch Störung des dynamischen Energiegefälles in den menschlichen Zellen erklären. Der Organismus schaltet seinen Energiehaushalt in für ihn lebensbedrohenden Situationen grundsätzlich auf absolut lebenserhaltende Systeme zurück, sofern diese Möglichkeit noch besteht. Nervenzellen im Gehirn reagieren besonders empfindlich auf Sauerstoffmangel und setzen deshalb besonders schnell Photonen frei, die von den noch funktionsfähigen Nervenzellen als „strahlendes Licht" registriert und abgespeichert werden. Der Überschuss an Kohlendioxid im Blut als Folge einer Sauerstoffunterversorgung bedingt zusätzlich einen narkoseähnlichen Zustand und leitet den anaeroben Abbau organischer Substanzen ein, um auf diese Weise den Energiehaushalt zu stabilisieren. Aus diesem Grunde können sich Reanimierte auch an Vorgänge erinnern, die sie während ihrer scheinbaren Bewusstlosigkeit als „neben sich stehend" wahrgenommen haben. Diese Reanimierten kommen also nicht aus dem Jenseits zurück, sondern tauchen aus einer anderen Bewusstseinsebene, dem Unterbewusstsein, wieder auf. Sie schildern auch alle vergleichbaren Erlebnisse, weil sie alle den gleichen Funktionsmechanismen unterworfen waren. An CO_2 als Auslöser bzw. Begünstiger dieser „Nahtoderlebnisse" ist insbesondere zu denken, weil ein erhöhter Kohlendioxidspiegel im Blut stimulierend auf die Atmung wirken kann, weshalb die betroffenen Personen wieder anfangen zu atmen und überleben können, unabhängig davon ob und wenn welche Folgeschäden bestehen bleiben.

Der Elektrosmog, obwohl von der Elektroindustrie gezielt heruntergespielt, stellt aus oben dargelegten Gründen eine große Gefährdung für Menschen, Tiere und Pflanzen dar. So schreibt W.-D. Rose (Rose, Wulf-Dietrich: Elektrosmog, Elektrostreß, Kiepenheuer & Witsch, Köln 1990, S.64,65), dass verschiedene Menschentypen auf technisch erzeugte elektromagnetische Felder unterschiedlich reagieren. Auch hier wieder die Ähnlichkeit zur Homöopathie. Hier besteht eine vergleichbare Situation zu den Probanden in der Arzneimittelprüfung von Hochpotenzen. In allen Fällen sind das Schwingungsmuster und die Stabilität dieses Schwingungsmusters eines jeden Organismus für seine Resonanzfähigkeit und Empfänglichkeit für Störschwingungen entscheidend. Man kann den einzelnen Menschen mit einer Stimmgabel vergleichen. Die beiden Zinken einer Stimmgabel werden immer nur dann durch die verschiedensten Laute oder Geräusche angeregt und in Schwingung geraten, wenn in dem Geräuschpegel ein Ton enthalten ist, der der Tonhöhe entspricht, auf die die Stimmgabel geeicht ist. Die Tonhöhe wird von der Länge und Masse der beiden u-förmigen Zinken bestimmt. Ist die entsprechende Schwingung unter den verschiedenen Tönen nicht vorhanden, so wird die Stimmgabel nicht in Schwingung geraten. Nicht von ungefähr wird in der Umgangssprache von der Ausstrahlung eines Menschen gesprochen oder auf die jeweilige Stimmung des einzelnen Mitbürgers verwiesen. Und Luther bemerkte in seiner deftigen Sprache, dass man dem Volk auf's Maul schauen solle! In unserer Zeit der Worthülsenschwemme sind derartige Hinweise allerdings schwer nachzuvollziehen. Wir hätten schließlich eine völlig andere Politik, wenn die Vertreter des Volkes das tun würden, was sie sagen. Also sagen sie Nichtssagendes und entsprechend erfolgreich ist ihre Politik. Grundsätzlich ist festzuhalten, dass es bei hoher Intensität der elektromagnetischen Felder zu einer hemmenden Wirkung bis hin zur Blockierung der Reaktionsfähigkeit des Organismus kommen kann, während schwache elektromagnetische Felder zu allmählichen Veränderungen im Organismus führen.

Unfälle durch Berühren von elektrischen Leitungen und defekten Elektrogeräten zeigen eindringlich, welche Folgen im Extremfall zu erwarten sind. Man muss also zwischen wie auch immer gearteten Reizen und Störungen unterscheiden. Bei diesen technisch bedingten, also künstlich erzeugten elektromagnetischen Wellen handelt es sich aber keineswegs um exakte biologische Informationen, wie man sie aus der Homöopathie kennt. Vielmehr haben diese elektromagnetischen Felder Signalcharakter und stören lediglich durch zufällige Interferenzen den „Funkverkehr" in und zwischen den Zellen des gesamten Organismus, sobald sich eine resonanzfähige Situation ergibt. Bei Heringen ist bekannt, dass sie sich über eine ganz bestimmte Frequenz untereinander so erfolgreich „verständigen" können, dass der Schwarm problemlos auch die schnellsten Manöver ausführen kann, ohne dass es zu Zusammenstößen unter den Fischen kommt. Buckelwale haben nun eine Jagdtechnik entwickelt, indem sie auf derselben Frequenz Laute ausstoßen, auf der sich die Heringe verständigen. Das hat zur Folge, dass sich die Heringe nicht mehr untereinander mitteilen können und sich zu unkontrollierten „Heringskollektiven" zusammenballen. Nun setzen der oder die Buckelwale nur noch sicherheitshalber einen ringförmigen Vorhang aus aufsteigenden Luftblasen um den hilflosen Schwarm und schöpfen so beim Auftauchen im wahrsten Sinne des Wortes aus dem Vollen. Die Natur nutzt äußerst erfolgreich die gleichen Methoden auf den verschiedensten Gebieten, indem sie elementare Vorgänge und Wechselwirkungen erfolgreich variiert und perfektioniert. Sie gleicht einem Jazzmusiker, der immer wieder ein Thema aufgreift und es variiert.

Man kann das Problem einer Informationsstörung einfach an einem schriftlichen Befehl verdeutlichen. Der Befehlsempfänger wird sich völlig verschieden verhalten, je nachdem ob er ließt: „laufen", „kaufen", „saufen" oder „raufen". So kann ein Druckfehler allein durch das Vertauschen eines einzigen Buchstabens völlig verschiedene Aktivitäten einer Person bewirken. Nicht anders geht es den sich durch Wechselwirkungen steuernden Atomen, Molekülen, Zellen und Organismen. Es besteht also grundsätzlich die Gefahr unkontrollierbarer biologischer Fehlsteuerung. Biologisch wirksame elektromagnetische Felder sind derart schwach, dass thermisch bedingte Reaktionen mit Sicherheit ausgeschlossen werden können. Die Wechselwirkungen der technisch erzeugten elektromagnetischen Felder mit den biologischen Systemen sind nur durch Interferenz zu verstehen. Da diese Felder meistens keine für die biologischen Systeme „verständlichen" Informationen tragen, haben sie überwiegend Signalkarakter. Es ist deshalb zu erwarten, dass sie biologische Vorgänge beschleunigen, verlangsamen oder gar unterbrechen. Rose (siehe oben, S.115) führt Forschungsergebnisse des Max-Planck-Institutes in Göttingen an, die zeigen, dass Körperzellen durch feinste Ionenströme miteinander kommunizieren, die in einem Minimalmessbereich von billionstel Ampere festgestellt wurden. Es ist leicht nachzuvollziehen, wie anfällig diese extrem schwachen Bioinformationen gegen technische elektromagnetische Strahlungen sind, die in vergleichbaren Frequenzbereichen liegen. Es ist also die Ähnlichkeit und nicht die Intensität der technisch erzeugten Felder, die Wirkung zeigt. Hahnemann lässt grüßen.

Wie aus den bisherigen Ausführungen zu ersehen ist, bin ich der Überzeugung, dass alle dynamischen Vorgänge durch Wellen und Felder gesteuert werden. Dabei spielt es keine Rolle, ob es sich um Schwingungen in sehr großen Sternen handelt, die eines Tages als Supernova explodieren werden oder um den Aufbau aller bekannter Elemente. Art, Aussehen, Eigenschaften und Stabilität der Materie werden im Großen wie im Kleinen durch Schwingungen verschiedenster Art bestimmt. Diese Elementarschwingungen und die Verdopplung ihrer Frequenz ermöglichen es auch, dass sich die Atome so aufgebaut haben, dass das Periodensystem diesen Sachverhalt widerspiegelt. Folglich bauen sich aus den Elementarschwingungen durch Verdopplung der jeweiligen Frequenzen und als Folge von Interferenzen alle strukturbildenden Muster und letztlich unsere Welt und das gesamte Universum auf. Ein Mechanismus, welcher sich hervorragend durch das sog. Feigenbaum Szenario veranschaulichen lässt. Durch eine einfache, nichtlineare Gleichung lässt sich über Computerausdrucke ein „liegender Baum" darstellen, dessen Äste sich in immer kürzeren Abständen verzweigen, bis sich der Baum in einem regellosen Punktemuster, dem Chaos, auflöst. Da sich der Bereich der Energie (bewegte Urstoffteilchen) spiegelbildlich zur materiellen Welt verhält (auch dies lässt sich aus Einsteins berühmter Formel $E = mc^2$ ableiten), verhält sich das Feigenbaum Szenario im Bereich der Energie genau umgekehrt. Aus dem Chaos von Punkten entsteht Ordnung, so wie es die Chaosforschung vorhersagt. Es bilden sich selbstähnliche Verzweigungen, der Abstand der Bifurkationen vom Akkumulationspunkt wird sehr schnell immer größer, aber der Quotient zweier aufeinander folgender Abstände bleibt konstant. Bei dieser Gleichung gehen die größeren Formen aus den kleineren selbstähnlich hervor. Wichtig ist dabei festzuhalten, dass senkrecht durch den „liegenden Baum" schmale Streifen der Ordnung ziehen, während die übrige Fläche sich chaotisch darstellt. Wir haben es also in diesem Schwingungsmuster mit Regionen der Stabilität zu tun. Je mehr man sich dem Zentrum derartiger Inseln der

Stabilität nähert, um so eher sind Vorhersagen möglich. Je weiter man sich an die Randzonen begibt, umso labiler wird das oszillierende System, bis es schließlich in das Chaos abgleitet. So lässt sich auch erklären, warum das Periodische System so aufgebaut ist, wie man es kennt. Alle anderen Schwingungsmuster waren zu labil und ließen eine dauerhafte Form von Elementen nicht zu. Dies ist auch der Grund, warum bestimmte Elemente einem unterschiedlich schnellen radioaktiven Zerfall unterliegen, während andere Elemente stabil sind. Während bei den stabilen Elementen die Synchronisation der Schwingungen von Protonen und Neutronen gewährleistet ist, also die Stabilität der jeweiligen Struktur gegeben ist, bauen sich bei den radioaktiven Elementen unterschiedlich schnell, als Folge unzureichender Synchronisation, unterschiedliche Störschwingungen auf, die die Struktur der betreffenden Atomkerne labil werden lässt und schließlich sprengt. So erklärt sich auch, warum nicht alle radioaktiven Elemente gleichzeitig zerfallen. Mit „zerfallen" hat dieser Vorgang aber wirklich nichts zu tun. Es ist eine Explosion, vergleichbar einer Supernova. Wieder haben wir es mit der Selbstähnlichkeit (wie im Kleinen so im Großen) zu tun. Welche ungeheuren Kräfte bei diesem Geschehen frei werden, zeigen anschaulich die Atomwaffen. Die Protonen und Neutronen sind schließlich in den Atomkernen derart miteinander verbunden, dass man in der Teilchenphysik nicht ohne Grund von der „starken Kraft" spricht und sie fälschlich als gesonderte Elementarkraft ansieht.

So wird durch die Erkenntnisse der Chaosforschung verständlich, warum sich in der Homöopathie nur ganz bestimmte Potenzen immer wieder bewähren. Die Bachblütentherapie, die Farbtherapie und die Musiktherapie beruhen auf den selben oben geschilderten Wirkungsmechanismen.

Interessanterweise macht man vergleichbare Beobachtungen bei der Oszillation der einzelnen Systeme, welche die Rhythmik bestimmen. So ist allgemein bekannt, dass bestimmte Formen der Musik Aggressionen auslösen, während andere beruhigend wirken. Dazwischen sind alle Übergänge möglich und werden deshalb auch individuell unterschiedlich empfunden. Bleibt noch anzumerken, dass es sich zwar bei Musik um Schallwellen handelt, die aber im Ohr, in elektromagnetische Schwingungen umgewandelt werden. Der energetischen Ebene (dem Reich der Urstoffteilchen, der elektromagnetischen Felder sowie der Gravitationsfelder) stehen auf der materiellen Ebene die Quarks (ein anderer Phasenzustand der Urstoffteilchen) gegenüber. Die Quarks sowie ihre Antiquarks bauen zusammen mit den drei verschiedenen Feldern der energetischen Ebene (elektrisches Feld, Magnetfeld und Gravitationsfeld) die Materie und das gesamte Universum auf. Aus welchem Blickwinkel man auch immer die Dinge betrachtet: Immer ist das Ganze im Kleinen und das Kleine im Ganzen wieder zu erkennen. Alles ist selbstähnlich.

Hahnemann hat wohl intuitiv diese elementaren Steuermechanismen in der Natur erfasst, als er lehrte, dass die richtig gewählte Arznei ein „Gegenbild" zu der Krankheit darstellt und dass die „künstliche Arzneikrankheit" nach dem Simileprinzip die „natürliche Krankheit" des Patienten auslöscht. Erst zweihundert Jahre später fangen wir langsam an, die Tiefe der Gedanken dieses richtungsweisenden Therapeuten zu verstehen. Mit diesem Verständnis wird sich auch unser Weltbild grundlegend verändern. Unabhängig ob dies gewünscht wird oder nicht: Schließlich blieb die Erde nicht immer eine Scheibe und schließlich musste man trotz massivster Widerstände einmal zugeben, dass unsere Erde keineswegs den Mittelpunkt des Universums darstellt, um den sich alles dreht.

Nach den oben gemachten Ausführungen müsste, entgegen der Ansicht aller Experten, der direkte Wirkungsnachweis eines homöopathisch aufbereiteten Arzneimittels nicht nur durch die anfangs erwähnten Versuche mit Arnica C30, sondern auch durch die Color-Plate-Methode von Knapp in Verbindung mit den Methoden der Bioresonanztherapie möglich sein. Wichtige Voraussetzung dabei ist, dass beide Methoden standardisiert und weiter technisch verbessert werden. Diese Vorgehensweise wäre nicht nur vielversprechender, effektiver und konstruktiver, sondern auch noch ungleich preiswerter als die destruktiven Crash-Tests in den Teilchenbeschleunigern. Leider gibt es auch hier einen kleinen Schönheitsfehler. Die Bioresonanztherapie, die bei sachgerechter Anwendung gute Heilerfolge erzielen kann, wird ebenso wie die Kirlian-Photographie von selbsternannten Fachkreisen abgelehnt, weil deren

Fachleute unter ungeeigneten Versuchsbedingungen unsachgemäß, d.h. nicht der Methode des Heilverfahrens entsprechend, vorgehen. Falsche Versuchsergebnisse sind dann bereits vorgegeben. Das weiß eigentlich jeder, der auch nur andeutungsweise experimentell gearbeitet hat. Leider hat sich dies aber noch nicht in besagten Fachkreisen herumgesprochen.

Grundsätzlich gilt, das Ganze im Kleinen sehen und nicht das Kleine zertrümmern, um auf das Große rückschließen zu können. Das Bestreben in der Wissenschaft, erst auf Grund der Kenntnis der Teile zur Kenntnis des Ganzen vorzustoßen, hat zwangsläufig zur Aufgliederung in zahlreiche Fachgebiete mit weiteren Unterabteilungen geführt, die ein Spezialistentum hervorgebracht haben, das leider den Blick für größere Zusammenhänge völlig verloren hat. Das macht es eben auch so schwer, einen einmal eingeschlagenen Weg zu korrigieren. Schon Paracelsus (1493 - 1541) warnte vergebens die Mediziner: „Die geteilten Ärzte sind die Zerbrecher der Arznei, einer kann dies, der andere kann das, doch in allem ist kein Wissen, denn wer ein Stück kann, der kann nichts, und er weiß, nicht was er kann."

Ich bin mir durchaus darüber im Klaren, dass es unmöglich ist, sich das Fachwissen auf allen Gebieten auch nur annähernd anzueignen, das zur Absicherung der hier angesprochenen Probleme notwendig ist. Es kann und darf aber nicht sein, dass irgendwelche Gurus festlegen, welche biologischen Vorgänge erlaubt sind und welche nicht. Bisher ist es noch keinem Sterblichen gelungen, Naturgesetze aufzuheben, auch wenn sie mit noch so rigorosen Maßnahmen bestritten, bekämpft und geleugnet wurden.

Als Tierarzt nehme ich jedenfalls für mich in Anspruch, den Heilungserfolg bei einem zuvor erkrankten Tier beurteilen zu können, unabhängig davon, ob ihn die Lehrmeinung erlaubt oder nicht. Ich sehe auch nicht ein, warum sich verantwortungsvoll arbeitende Ärzte und Tierärzte widerspruchslos als Scharlatane beschimpfen lassen sollen, nur weil sie Pseudoexperten weniger glauben als ihren eigenen praktischen Erfahrungen. Ich habe deshalb mit meinen Möglichkeiten versucht darauf hinzuweisen, dass es durchaus berechtigte Zweifel an der offiziellen Lehrmeinung gibt und dass durchaus auch andere Denkmodelle möglich sind, die moderne, effektive und preiswerte Heilmethoden nachvollziehbar machen. Ich verstehe meine Ausführungen als Denkanstoß. Es wird die Aufgabe der verschiedensten Fachbereiche sein, diesen Entwurf eines Grundkonzeptes zu überprüfen, zu korrigieren und weiter zu entwickeln.

Für die Richtigkeit des von mir dargelegten Denkmodells sprechen folgende Argumente:

1. Das Denkmodell basiert auf den heutigen naturwissenschaftlichen Erkenntnissen und kommt ohne Zusatzhypothesen aus.

2. Die Forderung nach einfachsten Grundmechanismen und einfachsten Strukturen wird erfüllt.

3. Symmetrie (Parität) und Umkehrbarkeit der einzelnen Vorgänge auf elementarer Ebene bleiben erhalten.

4. Beobachtungen und Funktionsabläufe, die bisher nicht verstanden wurden, lassen sich auf einfache Art erklären.

5. Der sogenannte Zeitpfeil wird erst bei komplexen oszillierenden Systemen beobachtet, also bei höheren Ordnungsstufen.

6. Die von mir für die Heilung mit Hochpotenzen aufgezeigten Wirkungsmechanismen lassen sich im gesamten Makro- und Mikrokosmos wiederfinden.

7. Das entscheidenden Wissen für das Verständnis dieser Funktionsabläufe liefern die Erkenntnisse der Chaosforschung.

Zusammenfassung

Während die Heilung mit allopathischen Arzneimitteln durch biochemische Reaktionen über Regelkreise angestrebt wird, wobei die Arznei als Antidot gegen das jeweilige Leiden gerichtet ist, bedient sich die

Homöopathie zur Heilung nicht mechanisch der Patienten zumeist unterschiedlich hoch potenzierter, nach dem Ähnlichkeitsprinzip verordneter Arzneien, also Arzneien, deren Arzneisymptomatik so weit wie möglich mit der Gesamtsymptomatik des Patienten übereinstimmt. Im Gegensatz zur Allopathie beruhen die mit homöopathischen Arzneien erzielten Heilerfolge jedoch auf zwei völlig verschiedenen von dem Grad ihrer Potenzierung abhängigen Grundwirkungsmechanismen:

Bei der Therapie mit niederen Potenzen wird die Heilung – wie in der Allopathie – durch biochemische Reaktionen angestrebt, wenn auch mit einer völlig anderen Zielrichtung. So bewirken niedrig potenzierte Arzneien durch ihre stark reduzierte Arzneidosis und durch den homöopathisch gewählten und somit dem Leiden gleichgerichteten chemotherapeutischen Schwellenreiz eine geringfügige Störgrößenaufschaltung im Sinne einer Reiztherapie.

Bei der Therapie mit Hochpotenzen hingegen werden durch Interferenz von elektromagnetischen Wellen vorhandene Störschwingungen (welche in erkrankten Organismen primär zu Fehlinformationen und erst sekundär zu erkennbaren Funktionsstörungen mit all ihren Folgeerscheinungen führen) unmittelbar gelöscht, so dass der erkrankte Organismus in der Tat „schnell, gründlich, sanft und dauerhaft" (wie Hahnemann es formuliert) geheilt wird, indem er wieder zu seinem ihm eigenen harmonischen Schwingungsmuster zurückfinden kann.

Zwischen der Wirkung noch nicht homöopathisch aufbereiteter, bzw. sehr niedrig potenzierter homöopathischer Arzneien und der Wirkung von Hochpotenzen jenseits der D 24 gibt es fließende Übergänge.

Abschließend möchte ich einen weitverbreiteten Irrtum richtig stellen. Vom pharmazeutisch-rechtlichen Standpunkt aus werden diejenigen Arzneimittel, welche nach den Richtlinien des erstmals 1987 erschienenen Homöopathischen Arzneibuches (amtliche Ausgabe) hergestellt werden, offiziell als „homöopathische Arzneimittel" bezeichnet. Diese Bezeichnung besagt jedoch nur, dass die arzneiliche Ausgangssubstanzen dieser Mittel allesamt an gesunden Probanden geprüft und nach den Anweisungen Hahnemanns (Potenzierungsverfahren) hergestellt wurden. Das sind zwei wichtige Fakten, die eine unverzichtbare Voraussetzung für eine homöopathische Behandlung bilden.

Die Bezeichnung „homöopathische Arzneimittel" hat leider zur Folge, dass Sachunkundige, denen ohne berücksichtigung des Ähnlichkeitsprinzips homöopathische Arzneien verordnet oder verabreicht werden, allein aufgrund dieser Auskunft, sich in dem irrigen Glauben wiegen, von ihrem Arzt „homöopathisch" behandelt worden zu sein.

Inhaltsverzeichnis

1. Warum das All nicht spontan entstanden ist	Seite 1
2. Wir sind ein Zufallsprodukt	Seite 2
3 Die Entstehung der Materie	Seite 27
4 Aber wo kommen wir eigentlich her? Und wohin werden wir gehen?	Seite 29
5. Die moderne Physik und der Raum-Zeit-Begriff	Seite 40
6. Die Hintergrundstrahlung	Seite 46
7. Die Urknalltheorie – Ein Musterbeispiel konstruierter mathematischer Welten.	Seite 53
8. Die Jets der Quasare	Seite 56
9. Die Quantenchromodynamik	Seite 72
10. Das moderne Weltbild	Seite 75
11. Politik und Wissenschaft, eine gefährliche Kombination zum Wohle der Finanzwelt	Seite 78
12. Homöopathie – Der Schlüssel zum Verständnis elementarer Wechselwirkungen im Kosmos.	Seite 84
13. Inhaltsverzeichnis	Seite 106

www.ingramcontent.com/pod-product-compliance
Lightning Source LLC
Chambersburg PA
CBHW082209220526
45470CB00010B/3101